TRAITÉ PRATIQUE

DES

EAUX MINÉRALES DE KREUZNACH

A L'USAGE DES MÉDECINS

PAR

ÉDOUARD STABEL

DOCTEUR EN MÉDECINE

Membre correspondant de la Société physico-médicale de Bonn, de la Société médicale allemande de Paris et de la Société de médecine de Strasbourg

AVEC 10 FIGURES

STRASBOURG

CHEZ DERIVAUX, LIBRAIRE, RUE DES HALLEBARDES, 29

KREUZNACH

CHEZ R. VOIGTLÆNDER, LIBRAIRE

1866

STRASBOURG, TYPOGRAPHIE DE G. SILBERMANN.

PRÉFACE.

A notre époque, où le scepticisme et le nihilisme ont remplacé la foi aveugle et les traditions médicales de nos pères, il ne nous reste plus, pour étayer notre pratique, que l'enseignement des faits positifs que l'art de guérir nous apprend à connaître. L'hydrologie et la balnéologie spécialement ne sauraient offrir un meilleur guide à celui qui veut se livrer à leur étude. Là où autrefois l'empirisme pur régnait en maître, l'observation exacte et raisonnée étale un vaste champ à nos investigations scientifiques.

La chimie et la physiologie ont dans ces dix dernières années marché à pas de géant ; elles se sont petit à petit imposées à la science médicale, dont l'étude ne peut plus s'en passer et dont elles sont devenues la base la plus certaine et la seule rationnelle.

La balnéologie suit également les progrès des sciences chimiques et physiologiques ; c'est d'elles qu'elle tire ses indications les plus sûres.

La méthode analytique seule, appuyée sur les faits que l'observation, le microscope et les réactifs chimiques nous révèlent, est en demeure de bien déterminer les propriétés thérapeutiques des sources minérales ; elle seule peut nous rendre un compte exact du mode d'action de chaque élément qu'elle renferme. C'est aussi elle qui nous permettra un jour de résoudre ce problème difficile, à savoir quelle eau minérale guérit telle maladie donnée.

En songeant à tous ces desiderata, à tout ce qui reste encore à élucider dans cette question complexe de la balnéologie, nous craignons d'avoir trop osé en abordant un pareil sujet. Aussi demandons-nous à nos lecteurs une grande indulgence pour un travail dont le sujet est aussi hérissé de difficultés que le nôtre, et dans lequel les faits positifs font presque tous défaut.

J'ai adopté d'une manière générale les idées de Clarus telles qu'il les a consignées dans son *Étude sur la matière médicale*, en ce qui concerne l'action pharmacodynamique de certains éléments minéraux que nos eaux contiennent.

Nous n'avons pas fait suivre d'un chapitre intitulé

des contre-indications de nos eaux, celui dans lequel nous avons traité de leurs indications, parce que nous aurions fait double besogne. En effet, en décrivant avec détails les maladies tributaires de nos eaux, leurs causes, leurs symptômes, leur évolution ainsi que leur diagnostic différentiel, nous avons pensé que les vertus curatives de nos sources seraient suffisamment caractérisées, et que naturellement, et par exclusion, le lecteur les considérerait comme contre-indiquées pour toutes les maladies dont nous n'avons pas fait mention.

Bien que des observations détaillées de malades avec le traitement qu'on leur fait suivre à Kreuznach eussent été intéressantes à connaître, nous n'avons pas voulu en surcharger notre travail dans l'appréhension de fatiguer nos lecteurs et de distraire leur attention. Nous n'avons rapporté qu'un seul fait avec tous les détails qu'il comportait, parce qu'il nous représente un exemple frappant de la vertu curative de nos eaux minérales, et nous avons intercalé des figures dans le texte pour mettre mieux à même nos lecteurs de juger *de visu* du résultat heureux que nous avons obtenu.

Qu'on nous excuse enfin d'avoir insisté plus que nous n'aurions dû le faire, dans un *Traité de balnéologie*, sur certaines particularités chirurgicales. Ce sont des réminiscences invincibles, bien pardonnables à un ancien interne des cliniques externes de Bonn, qui nous ont porté à entrer dans ces considérations.

Kreuznach, le 1er mai 1865.

L'AUTEUR.

TABLE DES MATIÈRES.

TRAITÉ PRATIQUE

DES

EAUX MINÉRALES DE KREUZNACH

A L'USAGE DES MÉDECINS.

CHAPITRE I.

Kreuznach et ses environs.

> Une fois enfermé dans ce pli de terrain façonné de la main des fées, on sent qu'on a trouvé enfin le port, l'asile, le salut, la douce quiétude de l'esprit et des nerfs.
>
> MORNAND.

La Nahe, un affluent du Rhin, quelques heures avant de se jeter dans le lit de ce fleuve, se divise en deux bras à peu de distance de Kreuznach et forme une île. Nos ancêtres, dans l'intérêt de leur commerce, ont creusé un de ces bras et en ont fait un canal destiné à faire tourner les roues de leurs moulins. La nature n'a donc pas tout fait chez nous, l'art lui est venu en aide. Afin de consolider ces rives nouvellement créées et de les garantir contre les flots qui les rongeaient, on a planté des arbrisseaux dans toute l'étendue de l'île; ils sont devenus depuis les magnifiques arbres qui font l'objet de notre admiration. C'est ainsi que, sans s'en douter, nos aïeux créèrent le parc splendide au milieu duquel les personnes qui fréquentent nos bains viennent aujourd'hui passer leur temps. Le point d'émergence de nos sources fortunées se trouve au haut de l'île, au milieu de la rivière, à la limite juste où le grès bigarré cesse et où les formations porphyriques commencent. La source Elise jaillit sur l'île même, à son extrémité sud-ouest. Les malades de tous les pays et de toutes les parties du globe viennent y boire la santé. Toutes les nations semblent en été s'y être donné rendez-vous. Dans cette saison les malades vont et viennent leurs verres à la main; le matin de bonne heure ils se promènent sous les berceaux pendant que l'harmonieuse musique de notre orchestre se fait entendre.

A l'heure des bains, le parc se vide et devient silencieux; on n'y remarque plus sur les bancs que quelques retardataires qui goûtent un doux repos ou s'adonnent à la lecture.

Dans l'après-midi les baigneurs s'y réunissent de nouveau, mais dans des toilettes splendides; on dirait à les voir si belles qu'une fête s'apprête et que tout le monde va s'y rendre. Des rafraîchissements se servent sur la terrasse de l'établissement de bains. De joyeux enfants courent et sautent en s'amusant sur le vert gazon et réjouissent par leurs jeux la vue des spectateurs. L'orchestre recommence à se faire entendre et chasse au loin toute idée de mélancolie. La nuit tombe, les dernières notes de la musique se font entendre, que déjà un spectacle d'un nouveau genre s'offre à vos yeux; la rivière devient comme animée, de nombreuses barques sillonnent ses ondes, des fusées de feux d'artifice s'élèvent haut dans les airs et des feux de bengale jettent de temps en temps de vives lumières dans l'obscurité de la nuit. Souvent le parc lui-même s'illumine, et des milliers de lampes vénitiennes attachées aux arbres jusqu'à leurs cimes lui donnent l'aspect d'un palais enchanté, au milieu duquel on voit circuler la masse des promeneurs. Le monde ne se retire chez lui que tard, et le lendemain il se rassemble de nouveau soit à la source, soit aux environs où se font de nombreuses excursions.

Kreuznach est situé dans une vallée entourée de montagnes toutes couvertes de vignes, au milieu desquelles se dresse le Kauzenberg. Au sommet de cette montagne Joh. de Sponheim fit élever jadis un lion en pierre sur un piédestal élevé visible de loin, à la mémoire des hommes courageux qui lui sauvèrent la vie.

Passons le grand pont de la Nahe qui sépare Kreuznach en deux quartiers et, laissant de côté la belle chaussée qui conduit à l'entrée principale de la résidence de M. de Recum, suivons cette petite rue étroite, puis ce verger en fleurs ; un petit sentier qui serpente va nous mener sur le plateau des Bergues ; de là nous allons voir s'étaler devant nos yeux le splendide panorama de Kreuznach. Situé au centre d'une contrée riche et fertile, au milieu d'une prairie verdoyante, nous voyons Kreuznach à nos pieds, s'appuyer d'une part à la montagne de Kauzenberg et gagner par une autre extrémité la rivière comme pour s'y mirer, et d'autre part au sud vers la vallée, s'étaler dans la campagne. De distance en distance on aperçoit de beaux bouquets d'arbres. Les nouveaux quartiers de la ville apparaissent aussi dans leur riante situation ; les rues, les allées, les belles maisons avec la diversité de leur construction laissent deviner au regard une ville où règne le bien-être. L'étranger éprouve le désir de s'y arrêter. En se rapprochant, on rencontre de nombreux jardins qui entourent la ville et dans lesquels se cultivent les fruits les plus rares de l'Allemagne méridionale. Des routes bien entretenues partent de Kreuznach dans toutes les directions; le chemin de fer qui relie Kreuznach au réseau des chemins de fer allemands nous met en rapport avec les pays les plus éloignés. Dans nos rues le mouvement est considérable, le commerce et l'industrie sont florissants. Ici on voit d'élégants carrosses circuler au milieu d'une masse d'ouvriers actifs, là de lourdes voitures de marchandises amener des approvisionnements ou conduire au chemin de fer les riches produits de l'agriculture ou de nos industries. Le vin généreux de nos vignobles est connu du monde entier. Les fabriques de cuir et les manufactures de tabac de notre ville ont beaucoup de réputation. Kreuznach enfin est renommé pour la sculpture, et les noms tels que Cauer témoignent assez que les arts y sont en honneur.

Détournons un instant nos regards du tableau que nous avons devant nous et jetons un coup d'œil rétrospectif sur le passé de notre ville; il est riche en légendes. Les constructions du moyen âge ont laissé parmi nous des ruines qui rappellent une époque romantique lointaine : telles sont les traces de l'ancien mur d'enceinte et ses tours, ainsi que les ruines du château de Kauzenbourg. Plus loin, sur la hauteur, nous apercevons des ruines plus anciennes encore, ce sont celles d'un vieux château-fort du temps des Romains; la pioche rencontre souvent, en creusant la terre à ses alentours, des pièces de monnaie, des inscriptions et des urnes cinéraires.

Quittons maintenant notre point de vue et longeons le Kauzenberg, la scène va changer subitement d'aspect. Nos regards pénètrent dans une vallée, où se trouvent les salines de Karlshalle et de Theodorshalle. Un massif de montagnes est devant nos yeux et nous environne. La douceur du paysage que nous admirions tout à l'heure avec ses campagnes fertiles et ses vignobles qui s'étendent à perte de vue jusqu'aux monts Taunus et Hunnsrücken, a fait place à une nature plus pittoresque, mais plus sévère, composée de pans de rochers, au haut desquels verdissent des forêts séculaires. Devant nous se dresse la chaîne de montagnes qu'on appelle la Hardt, qui se confond petit à petit avec les forêts des salines et se perd avec elles à l'horizon. Gravissons les premiers contre-forts de la Hardt et nous arrivons dans les forêts; en face de nous sur sa base étendue s'élève majestueusement la Gans; la vallée se rétrécit; tout à son fond et comme pour la fermer, une énorme masse de roches porphyriques se dresse vers le ciel; au-dessus d'elles on voit encore les ruines des châteaux des seigneurs Rheingrafen et Wildgrafen.

Le vert tendre de la vallée contraste admirablement avec la dureté de ton sombre de ces bois, et tandis qu'ici dans cette nature sauvage tout est solitude et silence, qu'à peine le cri d'un oiseau de proie ou le bruit d'un chevreuil en éveil vient interrompre, là-bas le mouvement et la vie se passent dans une bruyante animation. On rencontre encore de nombreux promeneurs à pied ou dans de superbes équipages. Le bruit des appareils salinifères retentit dans les montagnes, et l'on aperçoit les énormes roues qui les meuvent, couvertes d'eau, briller au soleil, ainsi que les épaisses fumées des chambres à évaporation s'élever jusqu'au ciel.

Gravissons le sommet de la montagne et arrivons jusqu'à Rothenfels, une vue superbe nous dédommagera de nos fatigues. Ces vastes masses porphyriques étaleront en amphithéâtre devant nous leurs pans déchiquetés et leurs pyramides dentelées; plus loin les plaines de la Bavière rhénane s'offriront à notre vue avec leurs riches récoltes et leurs nombreux villages. Au-dessus de nos têtes nous voyons le pignon élevé du château d'Ébernbourg, la résidence autrefois favorite de Franz de Sickingen. Au delà la vue se porte sur les ruines du château d'Altenbaum, planté au haut de la montagne. Du côté opposé se voit le Lemberg avec sa crête allongée, qui dérobe à notre vue les ruines de Monfort et le Moschellandsberg.

Les vallées et les groupes de montagnes défilent devant nos regards, qui s'arrêtent enfin à l'ouest sur le Sonnwald et au sud-est sur les hauteurs gigantesques du Mont-Tonnerre.

A notre main gauche se trouve Münster-sur-Pierre avec ses colossales proportions. Ici la nature s'offre à nous dans ce qu'elle a de plus grandiose. La Nahe coule en faisant un énorme circuit, les hauteurs qui la dominent sont plus majestueuses et les sommets des montagnes offrent des contours plus gracieux.

Mais déjà le jour est sur son déclin, le soleil dore de

ses rayons couchants Rheingrafstein, empressons-nous de regagner la vallée par le nouveau chemin et en quelques minutes le train nous ramène à Kreuznach.

Tous les jours, nouvelles récréations : dans l'établissement des bains il y a de la musique et des cabinets de lecture; souvent on y donne des bals et des concerts. Nulle part, je crois, on ne trouvera une nature plus pittoresque et plus grandiose que celle des environs de Kreuznach, et l'on ne comptera autant de fermes et de villages ni autant de ruines de vieux châteaux.

Aussi sont-elles bien vraies ces paroles que le peintre-poëte Müller, de Kreuznach, laissait échapper en songeant à sa belle patrie : « Oui, belle et charmante contrée, toi seule tu peux dissiper les tristes pensées et faire renaître la joie et la gaîté; que la vie se passe plus agréablement dans ton sein, combien les années s'écoulent rapidement auprès de toi; les nuages eux-mêmes glissent plus mollement quand le vent les porte vers les montagnes! Aunes, peupliers et saules qui bordez ces rivages enchanteurs, c'est sous votre ombrage frais que j'ai ressenti mes premiers élans d'amour; c'est à cet endroit charmant que j'ai senti pour la première fois mon cœur battre à la vue du spectacle grandiose de la nature! »

CHAPITRE II.

Description du climat de Kreuznach.

Il suffit de jeter les yeux sur une description du climat de Kreuznach pour se convaincre que les qualités minérales des eaux et des divers sels qu'elles renferment sont loin d'être prépondérantes quand il s'agit de choisir une station de bains, et que la connaissance du climat peut faire naître à ce sujet d'importantes considérations.

Le climat de la région moyenne du Rhin dans laquelle se trouve compris Kreuznach (49°50'12" degrés de latitude et 25°31'20" degrés de longitude) est chaud, sec et serein. Ce sont les termes dont s'est servi pour caractériser notre climat M. le docteur Dellmann, supérieur du Gymnase, qui dirige depuis douze ans l'observatoire météorologique royal de Prusse avec le plus grand zèle.

Aussi ses nombreuses observations lui ont-elles suggéré l'idée de publier un ouvrage intitulé : *Das Klima der mittelrheinischen Ebene. und die Spannung der offenen Säule*. Nous le mettrons à profit dans notre travail.

A priori on peut dire qu'une contrée aussi riche en produits zoologiques, botaniques, minéralogiques et même géologiques que Kreuznach, doit avoir un climat d'une certaine importance et doué de certaines propriétés. Ce fait, les tables de M. le docteur Dellmann le démontrent clairement. D'après elles, on apprend à connaître les divers états thermométriques, barométriques, le plus ou moins de sérénité de l'atmosphère, la forme des nuages, les phénomènes électriques, la masse de pluie tombée à Kreuznach. Elles démontrent aussi par comparaison que les conditions climatériques de Kreuznach sont très-avantageuses relativement à celles d'autres villes comprises dans la même zone du Rhin moyen. Nous renvoyons à la météorologie de Fach les lecteurs qui voudraient approfondir avec plus de détails ce sujet; nous nous contenterons dans ce travail de mentionner les faits essentiellement afférents au but que nous nous sommes proposé. Nous commencerons par la température, parce que c'est l'élément le plus important dont nous ayons à nous occuper. (*Voyez le tableau ci-contre.*)

1. *Température maximum et minimum par mois et par années (degrés Réaumur).*

Années		Janvier.	Février.	Mars.	Avril.	Mai.	Juin.	Juillet.	Août.	Septemb.	Octobre.	Novembre.	Décembre.	Moyenne.
1851	1	7,7	8,2	11,0	16,9	16,4	22,5	22,8	22,3	15,3	16,0	7,7	8,7	14,70
	2	— 5,0	— 5,1	— 8,0	— 0,6	1,6	7,0	8,2	7,7	1,8	0,1	— 2,4	— 6,0	— 0,06
1852	1	11,1	9,4	15,5	14,9	24,0	20,7	27,0	22,7	19,2	15,4	13,3	11,2	17,03
	2	— 7,5	— 4,2	— 6,4	— 4,0	0,6	6,8	9,2	8,6	2,5	— 1,7	— 0,4	— 1,8	— 6,14
1853	1	8,1	4,6	10,4	16,0	20,1	23,2	26,7	26,1	19,3	15,0	12,1	3,4	15,42
	2	— 2,0	— 8,0	— 6,4	— 0,9	2,2	8,6	9,8	7,4	4,8	0,2	— 3,7	—15,8	— 0,32
1854	1	7,0	8,3	13,0	16,6	19,4	22,1	25,7	22,6	22,1	17,8	9,2	9,0	16,07
	2	— 7,6	— 8,0	— 4,2	— 2,1	4,8	5,6	9,3	8,1	1,8	0,1	— 5,3	— 2,2	0,03
1855	1	7,5	5,9	10,6	16,7	20,8	26,0	23,0	23,4	18,6	18,0	7,9	5,2	15,30
	2	—16,2	—17,7	— 6,8	— 0,7	2,4	7,4	9,7	8,1	1,8	0,6	— 5,1	—13,6	— 2,51
1856	1	9,6	13,1	13,5	18,4	21,4	22,5	23,0	26,0	17,9	16,6	9,0	11,7	16,89
	2	— 9,3	— 5,1	— 5,2	— 4,3	2,6	7,1	6,2	7,8	6,0	— 2,4	— 5,0	—10,2	— 0,98
1857	1	6,1	6,6	11,8	18,4	23,2	24,4	26,0	29,2	20,8	17,2	11,4	7,8	16,91
	2	— 6,4	— 8,2	— 5,3	1,5	1,2	6,2	9,4	9,6	4,1	2,6	— 4,3	— 2,6	0,65
1858	1	5,1	6,0	15,2	19,4	22,4	28,2	24,6	25,6	22,4	15,5	7,4	8,7	16,71
	2	—11,0	— 8,6	— 3,0	— 2,0	1,8	8,9	8,6	6,6	6,8	— 3,2	—13,0	— 6,5	— 1,22
1859	1	8,8	9,6	14,3	18,1	20,7	24,8	27,3	27,8	20,9	20,2	13,8	11,0	18,11
	2	— 8,4	— 3,5	— 3,4	— 1,1	5,8	8,6	11,1	9,6	4,0	— 2,7	— 5,3	—13,0	0,14
1860	1	10,4	5,8	12,0	15,2	22,2	21,9	24,3	21,6	19,2	14,3	10,3	7,2	15,37
	2	— 4,0	—10,2	— 4,6	0,6	3,5	7,3	7,0	8,8	3,3	— 0,3	— 3,4	— 8,4	— 0,03
1861	1	6,8	10,5	13,6	14,8	22,2	26,9	23,2	27,3	22,6	19,4	9,3	9,8	17,20
	2	—18,3	— 2,5	— 0,7	0,0	1,9	10,2	10,5	9,2	5,8	— 2,2	— 5,2	— 7,6	0,09
1862	1	10,2	10,0	15,6	21,4	22,2	24,7	26,0	22,5	20,8	17,8	11,3	7,9	17,53
	2	—10,4	— 9,0	— 4,2	0,0	6,6	8,4	8,2	9,2	5,6	0,0	— 7,8	— 6,0	0,05
Moyenne	1	8,20	8,17	13,12	17,23	21,25	23,99	24,97	24,76	19,93	16,93	10,22	8,47	16,44
	2	— 8,84	— 7,52	— 4,85	— 1,15	2,92	7,68	8,93	8,39	4,03	— 0,74	— 5,07	— 7,81	— 0,34

2. *Moyenne des températures annuelles, obtenue d'après trois observations par jour faites à trois heures différentes.*

ANNÉES.	TEMPÉRATURE A	TEMPÉRATURE B	TEMPÉRATURE C	MOYENNE.
1851	5,44	9,68	6,54	7,22
1852	6,06	11,15	7,23	8,15
1853	4,80	9,56	5,95	6,77
1854	5,43	10,47	6,77	7,56
1855	4,83	9,37	5,78	0,66
1856	5,74	10,39	6,91	7,67
1857	6,08	11,41	7,25	8,25
1858	5,01	10,45	6,36	7,27
1859	6,77	11,77	7,92	8,82
1860	5,52	9,54	6,24	7,12
1861	6,03	10,75	6,90	7,89
1862	6,51	11,57	7,52	8,53
Moyenne :	5,68	10,51	6,78	7,66

« Nous partageons le jour de vingt-quatre heures en trois parties : la matinée, l'après-midi et le soir. Les observations thermométriques se font trois fois par jour : le matin à six heures, l'après-midi à deux heures et le soir à dix heures. D'après cela, et pour bien nous entendre, nous appellerons matinée l'espace de temps compris entre la première et la deuxième observation ; après-midi, celui qui s'écoulera entre la deuxième et la troisième, et enfin nuit, l'espace de temps compris entre la troisième et la première. Nous représenterons par A la première partie de notre journée ainsi divisée, par B la deuxième et par C la troisième. M indiquera la moyenne des observations faites dans la journée. Les différences B-A, B-C indiqueront de combien les degrés thermométriques s'élèvent de six heures du matin à deux heures, et de combien ils baissent de deux heures à dix heures du soir. C-A indiquera les différences thermométriques qui auront eu lieu de dix heures du soir à six heures du matin.

« Si nous voulons savoir de combien, en moyenne, les degrés thermométriques montent à Kreuznach, de six heures du matin à deux heures de l'après-midi, nous prendrons la somme des degrés observés chaque matin à six heures pendant un certain nombre d'années et nous diviserons cette somme par le nombre d'années. Ainsi, la moyenne des degrés thermométriques à Kreuznach, le matin à six heures, sera 5°,68, à deux heures elle sera 10°,51. La différence de ces deux sommes, 10°,51 — 5°,68, soit 4°,83, exprimera la moyenne cherchée. On verra de la même manière que l'après-midi, les degrés thermométriques descendent de 3°,73, et la nuit encore de 1°,19.

« On est d'autant plus surpris de ce résultat que l'après-midi, alors que le soleil échauffe encore l'air de ses rayons, les degrés thermométriques baissent bien plus que pendant la nuit, et comme la décroissance, ainsi que l'augmentation des degrés thermométriques devraient être proportionnelles au temps, on est amené à se demander quelle peut être la cause de cette décroissance de température pendant l'après-midi et la nuit.

« Rappelons-nous cette loi physique qui dit qu'un corps se refroidit d'autant plus vite qu'il a été porté à une température plus élevée, et que la nuit les corps se refroidissent d'autant plus lentement que le ciel est moins serein. C'est ce qui donne la raison de ces nuits froides que l'on rencontre sous les tropiques, où le ciel est presque constamment serein. Les rayons du soleil y sont brûlants pendant le jour, mais par contre, pendant la nuit, le refroidissement de l'air est tellement considérable que les animaux sauvages y périssent de froid, et que l'homme est sujet à y gagner beaucoup de maladies.

« On voit aussi, en consultant le tableau n° 2, que la température moyenne des douze années écoulées depuis 1851, a été, à Kreuznach, de 7°,66. La moyenne thermométrique s'est maintenue au-dessous de 7 degrés, les années 1853 et 1855. Elle a monté pendant les quatre années 1852, 1857, 1859 et 1862, où elle a atteint et dépassé le degré 8; les six autres années, la moyenne thermométrique s'est tenue entre 7 et 8 degrés. L'année la plus chaude a été 1859, le thermomètre a marqué en moyenne 8°,82; ensuite est venue l'année 1862, la moyenne a été de 8°,53; l'année la plus froide a été 1855, la moyenne a été 6°,66. (*Voy. le tableau ci-contre.*)

3. *Moyennes des températures par mois.*

Années.	Janvier.	Février.	Mars.	Avril.	Mai.	Juin.	Juillet.	Août.	Septemb.	Octobre.	Novembre.	Décembre.	Moyenne.
1851	1,55	1,47	4,32	7,97	8,49	13,55	13,71	14,54	9,88	8,60	1,67	0,90	7,22
1852	2,66	2,82	2,40	5,43	11,14	12,73	16,43	14,61	11,27	6,59	6,83	4,85	8,15
1853	3,60	—0,53	0,46	6,08	10,22	13,51	15,03	14,43	11,38	7,58	2,97	— 3,57	6,77
1854	—0,44	0,73	4,71	7,47	11,14	13,03	15,18	13,50	11,46	8,15	2,61	3,15	7,56
1855	—2,19	—2,20	3,20	6,77	9,60	13,73	14,19	14,90	11,65	9,66	2,63	— 2,03	6,66
1856	1,35	3,90	2,91	7,96	9,64	13,96	13,31	15,70	11,73	7,94	1,37	2,30	7,67
1857	0,66	0,27	3,74	6,86	11,48	14,38	16,33	16,97	12,96	9,44	3,69	2,20	8,25
1858	—1,25	—0,94	3,00	7,50	10,08	17,03	14,61	14,50	13,75	7,84	— 0,98	2,11	7,27
1859	1,78	3,58	6,45	8,11	12,15	14,73	18,25	16,78	12,25	9,23	2,99	— 0,46	8,82
1860	2,49	—0,48	2,74	6,84	12,22	12,99	13,56	13,80	11,35	7,72	1,61	0,62	7,12
1861	—3,92	3,40	5,27	6,38	10,59	15,31	15,35	16,28	12,19	8,82	4,29	0,77	7,89
1862	0,11	1,99	6,05	9,60	13,10	13,09	14,94	14,53	13,01	9,24	4,17	2,57	8,37
Moyenne :	0,60	1,15	3,77	7,25	10,82	14,01	15,07	15,04	11,91	8,40	2,83	0,87	

« Ce troisième tableau nous indique que la température reste sensiblement la même pendant trois mois de l'année, depuis le commencement de juin jusqu'à la fin du mois d'août. Juillet est le mois le plus chaud, le thermomètre y marque en moyenne 15°,07, puis vient le mois d'août avec 15°,04. On peut dire que la moyenne mensuelle de température la plus élevée a toujours lieu un de ces trois mois de l'année, juin, juillet ou août. En 1858, c'était le mois de juin, elle était de 17°,03; en 1852, c'était le mois de juillet, cette moyenne était 16°,43; en 1853, 1854, 1859, 1862 également, cette moyenne était successivement de 15°,03, 15°,18, 18°,25, 14°,94. Août a encore été plus souvent le mois le plus chaud de l'année, ainsi en 1851, 1855, 1856, 1857, 1860, 1861, où la moyenne thermométrique a successivement été 14°,54, 14°,90, 15°,70, 16°,97, 13°,80 et 16°,28. Le degré le plus élevé qu'ait atteint cette moyenne a été de 18°,25 au mois de juillet 1859.

« La température croît, à partir du mois de mars, assez notablement, et décroît à partir du mois d'octobre, ce qui fait qu'avril et mai ainsi que septembre et octobre sont encore assez chauds.

« Avant de comparer les circonstances climatériques qu'on observe dans la région moyenne du Rhin, avec celles des autres contrées de l'Allemagne, il faut bien remarquer que nous jouissons d'un climat beaucoup plus continental que le nord et l'ouest de l'Allemagne, et qu'en outre, le peu d'élévation au-dessus du niveau de la mer, 300', que présente cette région, en fait l'une des plus chaudes de l'Allemagne; en été on y jouit d'une température que les contrées méridionales de l'Allemagne atteignent à peine. Le ciel serein et la quantité de pluie peu abondante qui tombe contribuent beaucoup à cette élévation de température pendant l'été, et nous sommes redevables de ces deux causes favorables au déboisement de nos forêts et à leur transformation en vignobles que l'on poursuit depuis le siècle dernier. »

« Pour bien faire ressortir le caractère du climat de cette région du Rhin, prenons la moyenne de température du mois d'août pendant dix années consécutives, par exemple de 1848 à 1857, dans quatre villes différentes, ensuite la moyenne pendant le même nombre d'années des températures d'été et d'hiver dans trois de ces villes :

4. a) *Moyenne des températures du mois d'août de 1848-1857.*

Clèves.	Boppard.	Trèves.	Kreuznach.
13,50	13,91	14,34	14,59

b) *Moyenne des températures d'été et d'hiver.*

	Boppard.	Trèves.	Kreuznach.
Hiver.	1,38	1,28	1,01
Été.	13,75	14,09	14,28

et pour caractériser le Rheingau, c'est-à-dire la partie la plus favorisée de cette région, nous prendrons la moyenne des températures de deux villes, Francfort et Kreuznach, qui sont sur sa limite.

« Nous verrons, d'après cette étude, que dans les étés chauds, la température y atteint environ 1°,03 de plus qu'à Boppard, et environ 1 degré de plus qu'à Trèves. Il faut de plus remarquer que cette température est pendant le jour beaucoup plus élevée dans le Rheingau que pendant la nuit, par la raison que nous avons déjà dite, que le climat de cette région se rapproche davantage des climats intertropicaux pendant l'été.

« Ainsi on trouve 1°,71 de différence entre la température de Boppard et celle du Rheingau pendant les mois les plus chauds de 1857 à 1859.

« Cette différence, petite en apparence, est énorme pour les progrès de la végétation, car une élévation de 1 degré pendant le printemps et l'été peut faire d'une année ordinaire une année de bon vin. »

Le baromètre, dans ses variations, suit une marche entièrement parallèle à celle du thermomètre, soit qu'on l'examine jour par jour, soit qu'on compare entre elles les moyennes annuelles. Mais comme cela pourrait nous mener trop loin, nous ne donnerons pas de tableau des pressions atmosphériques.

« Les variations de pression atmosphérique sont sous la dépendance de la température de l'air. Mais il y a encore d'autres phénomènes atmosphériques intimement liés à la température terrestre, qui ne marchent pas proportionnellement avec elle, qui ont même quelquefois une marche entièrement opposée à la sienne. »

Ce sont les vents et l'état du ciel. (La direction la plus fréquente du vent à Kreuznach, d'après les douze dernières années, est celle de 53°,19′ ouest.)

Les faits consignés dans cet ouvrage laissent assez voir l'influence de ce vent sur la température de toute notre contrée. Après nous être occupés de la température et de l'état du ciel de notre pays, il nous reste, pour compléter la description de notre climat, à parler de l'état hygrométrique de l'air, que nous avons dit être caractérisé par la sécheresse.

« A l'Observatoire royal de Prusse, la quantité d'eau tombée est recueillie dans un réservoir muni d'un tube recourbé en verre et divisé en centimètres cubes. Un entonnoir recouvre le réservoir collecteur; en hiver, quand l'entonnoir se trouve rempli de neige, on l'enlève pour le remplacer par un autre. On évite de cette façon, d'additionner la neige fondue à la pluie tombée. »

5. *Jours de pluie par mois.*

Années.	Janvier	Février	Mars.	Avril.	Mai.	Juin.	Juillet.	Août.	Septem.	Octobre	Novem.	Décem.	Total.
1851	6	11	19	17	14	8	16	12	9	11	15	9	147
1852	18	13	3	2	15	17	8	15	9	9	17	7	133
1853	15	15	9	18	12	10	12	10	9	17	8	9	144
1854	16	14	4	7	22	19	17	16	4	10	14	18	161
1855	10	10	16	9	12	12	21	7	2	10	7	14	130
1856	18	7	7	15	26	15	13	9	15	3	13	14	155
1857	14	4	11	13	16	7	6	7	15	8	9	7	117
1858	7	6	7	9	13	3	10	12	8	6	10	11	102
1859	7	11	8	11	9	10	4	7	11	13	12	11	114
1860	17	14	15	10	5	15	6	14	11	10	10	20	147
1861	3	6	18	5	9	12	12	3	7	5	17	9	106
1862	13	8	10	10	13	14	12	7	6	10	4	13	120
Moyenne	20,0	9,9	1,06	10,5	13,08	11,8	11,4	9,9	8,8	9,3	11,3	11,8	131,3

Pendant les bonnes années, où le vin réussit, on remarque que les jours pluvieux n'ont pas été nombreux. Il est très-avantageux pour le raisin qu'il pleuve beaucoup en mai, et que le mois de septembre soit très-sec.

6. *Tableau des orages.*

(Nous entendons par orage la pluie accompagnée d'éclairs et de tonnerre. La pluie seule ou les phénomènes électriques de l'atmosphère seuls ne constituent pas pour nous de véritables orages.)

Années.	Janvier.	Février.	Mars.	Avril.	Mai.	Juin.	Juillet.	Août.	Septemb.	Octobre.	Novemb.	Décemb.	Total.
1851	0	0	1	1	1	3	6	3	0	0	0	0	15
1852	0	1	1	0	8	6	10	8	2	1	2	0	39
1853	0	0	0	0	4	0	9	4	0	1	0	0	18
1854	0	0	0	1	6	8	1	6	0	0	0	0	22
1855	0	0	0	0	0	4	11	8	0	1	0	0	24
1856	1	0	0	1	4	7	12	4	3	0	0	0	32
1857	0	0	0	0	8	4	3	6	10	1	0	0	32
1858	0	0	0	1	2	4	2	4	2	0	0	0	15
1859	0	0	0	0	8	6	2	3	0	0	0	0	19
1860	0	0	0	0	3	2	1	3	0	0	0	0	9
1861	0	0	1	1	2	4	4	2	0	0	0	0	14
1862	0	0	0	2	5	4	5	3	1	1	0	0	21
Moyenne	0,08	0,08	0,25	0,58	4,25	4,33	5,50	4,50	1,50	0,42	0,17	0,00	21,7

7. *Hauteur d'eau de pluie tombée pendant 144 mois.*

Années.	Janvier.	Février.	Mars.	Avril.	Mai.	Juin.	Juillet.	Août.	Septemb.	Octobre.	Novemb.	Décemb.	Total p. année.
1851	2,78	4,54	27,91	24,94	29,12	15,72	34,58	31,27	19,27	8,25	12,93	3,15	214,46
1852	20,92	20,45	11,64	2,70	32,73	29,14	14,12	44,61	20,68	21,15	39,21	14,14	271,79
1853	30,43	13,29	4,76	28,44	35,86	33,68	19,89	13,34	14,33	17,68	4,85	6,84	223,39
1854	26,38	11,09	1,32	9,12	36,73	37,77	26,73	37,82	2,91	27,59	23,87	22,96	264,29
1855	7,89	12,71	19,27	10,58	13,62	42,35	48,56	11,36	2,64	19,72	9,68	17,42	215,80
1856	15,59	3,63	4,74	32,13	40,89	39,46	22,97	18,25	41,22	5,23	23,20	10,48	257,79
1857	6,00	2,37	3,74	7,21	22,38	6,71	3,68	8,31	36,25	9,52	11,94	3,90	122,01
1858	6,40	3,67	3,19	6,36	17,36	3,65	35,29	21,99	7,07	7,60	29,96	9,24	151,76
1859	8,69	10,98	5,12	14,05	54,28	25,95	6,40	9,32	16,75	15,68	24,31	16,53	208,16
1860	21,20	14,25	19,22	7,75	14,07	15,38	14,01	24,86	20,03	18,40	12,80	32,93	214,90
1861	11,77	3,17	25,06	2,52	11,28	33,48	27,44	4,27	22,38	10,05	30,18	9,98	191,58
1862	22,61	8,57	9,07	9,77	39,29	35,16	47,52	7,85	12,43	13,89	2,14	20,77	229,07

Il résulte de ce tableau que la moyenne d'eau tombée par mois à Kreuznach pendant douze ans, a été successivement de :

15,06 9,06 11,25 12,96 28,97 26,54 25,10 19,44 18,00 14,56 18,76 14,05

En somme : 213,80.

(Ces chiffres représentent les vieilles divisions françaises : pieds, lignes).

Le tableau suivant nous montrera l'état comparatif des quantités d'eau tombées dans sept autres villes ; il est également tiré des comptes rendus annuels des observations faites à l'Observatoire royal de Prusse.

8. Quantité d'eau tombée par mois.

(Indication en lignes françaises ; les quantités tombées par saison sont indiquées en pouces.)

Mois et Saisons.	Clève.	Crefeld.	Cologne.	Boppard.	Kreuznach.	Trèves.	Francf. s/M.	Mannheim.
Janvier	29,81	22,19	17,62	18,36	15,75	26,16	10,92	8,11
Février	29,17	25,57	16,92	18,00	9,68	15,53	5,48	7,08
Mars	19,46	14,33	14,00	17,38	10,48	13,85	7,55	7,16
Avril	25,10	26,38	25,41	29,35	15,76	31,35	14,94	16,83
Mai	31,12	25,63	30,48	36,30	26,68	34,41	27,63	40,63
Juin	30,55	26,47	26,49	31,00	28,69	34,50	27,68	37,74
Juillet	33,49	26,84	26,21	29,46	24,36	34,40	23,21	34,03
Août	25,85	33,21	29,47	33,29	23,55	34,41	22,94	23,55
Septembre	22,01	21,18	19,02	21,32	19,61	19,35	12,08	18,68
Octobre	32,45	28,36	23,89	23,54	12,73	26,59	15,00	10,99
Novembre	25,35	23,37	18,86	22,43	15,10	19,99	11,11	26,83
Décembre	29,85	27,06	18,88	18,90	11,22	17,98	14,25	5,63
Hiver	6,569	6,235	4,452	4,605	3,054	4,973	2,554	1,735
Printemps	6,307	5,778	7,491	6,919	4,410	6,626	4,177	5,385
Été	7,491	7,210	7,098	7,812	6,383	8,609	6,153	7,943
Automne	6,651	6,075	5,149	5,608	3,953	5,494	3,182	4,708
Année	27,018	25,299	24,190	24,934	17,800	25,702	16,066	19,771

« Les nuages qui amènent de la pluie, avant d'arriver chez nous, sont obligés de passer sur le Hunnsrücken, où ils se refroidissent et se déchargent d'une partie de leur eau. Arrivés à la hauteur du Rhin moyen, ils se dilatent au lieu de se condenser, et il n'en faut chercher la raison que dans l'air chaud qui règne dans cette contrée pendant l'été et qui fréquemment réduit ces nuages à néant.

« Souvent nous avons été frappés de ce phénomène, surtout pendant les étés chauds et quand le ciel menace d'orage. Dans les six dernières années nous avons vu plusieurs bourrasques accompagnées d'éclairs et de tonnerre, venues du sud-ouest, passer sur nos têtes sans aucune goutte de pluie; d'autres fois, avec le même état électrique de l'atmosphère nous avons entendu quelques gouttes de pluie frapper les feuilles des arbres, mais en somme, l'orage nous a épargnés. La différence entre les quantités d'eau tombées à Trèves et à Kreuznach est même considérable; l'udomètre a marqué à Trèves, pendant les douze dernières années, au mois de juillet, de 3 à 5 heures de l'après-midi, 217 pouces cubiques, et à Kreuznach, pendant le même laps de temps correspondant, 168 pouces cubiques seulement.

« En moyenne, la quantité d'eau tombée pendant les trois étés de 1857 à 1859 a été, à Kreuznach de 53 0/0, à Boppard de 63 0/0 et à Trèves de 65 1/2 0/0. Cet état hygrométrique, tout à fait en rapport avec la température de l'été, a été cependant plus sec que d'ordinaire. »

Le climat de la région moyenne du Rhin est donc bien caractérisé; comme nous l'avons dit, *il est chaud, le ciel est serein et l'air y est sec.*

Kreuznach participe entièrement de ces trois qualités de l'air; quelques particularités locales qui se rattachent à sa situation serviront à compléter la description climatologique de cette station minérale. Appuyée au nord-ouest aux derniers contre-forts du Hunnsrücken, qui la garantissent contre les vents du nord et de l'ouest, notre ville de Kreuznach est entièrement exposée aux vents d'est et du sud, qui lui viennent par la vallée. C'est de ce côté méridional aussi que lui viennent les premiers rayons du soleil, et quant aux vents du sud et de l'est, qui suivent la même direction, elle n'a qu'à s'en réjouir, car ils balaient l'atmosphère et contribuent, avec l'évaporation incessante qui se fait sur notre rivière, au renouvellement de l'air.

Le soleil ne se couche que tard derrière les montagnes qui nous bordent à l'ouest, et ensuite la réverbération et la réflection de la chaleur accumulée dans nos montagnes nous garantissent contre une transition trop brusque à la température froide de la nuit.

Ainsi Kreuznach réunit toutes les conditions climatologiques nécessaires pour une station minérale vers laquelle les malades affluent en grand nombre pour y chercher la santé.

Ajoutons encore qu'un des bienfaits inhérents probablement à notre délicieux climat est celui dont jouit Kreuznach, de ne pas connaître de maladies endémiques et de n'avoir été qu'exceptionnellement et très-rarement frappé de maladies épidémiques.

CHAPITRE III.

Les sources salines de Kreuznach.

A. Leur composition chimique et leurs propriétés physiques.

En raison de la grande quantité de sel de cuisine (chlorure de sodium) qu'elles renferment, les eaux minérales de Kreuznach appartiennent à la catégorie des eaux salines, et spécialement à celles que l'on pourrait appeler salées, car on les utilise pour l'extraction du sel. L'iode et le brome, qu'elles contiennent également, les font naturellement classer parmi les eaux minérales chloro-bromo-iodurées.

Prise à la source, cette eau est claire et incolore; au goût elle est salée et piquante; elle a une légère odeur qui rappelle l'iode. Versée dans un verre, elle dégage de fines bulles d'acide carbonique qui perlent les parois du vase en s'y attachant.

Abandonnée à l'air quelque temps, elle se trouble. Il se forme un précipité jaune brunâtre, qui petit à petit se dépose au fond du vase; puis l'eau reprend sa transparence. Ce précipité se compose de divers corps minéraux, parmi lesquels on distingue de l'oxyde de fer, de l'oxyde de manganèse, du carbonate de chaux, de l'argile et de la silice.

Il y a trois sources à Kreuznach :

1° La source Élise, exclusivement destinée à être bue par les personnes qui veulent faire la cure d'eau ;

2° La source de la Nahe, captée au milieu de la rivière dont elle tire son nom, est conduite par des tuyaux soudés les uns aux autres, le long de la rive nord-ouest de l'île, jusqu'à l'établissement de bains, où on la débite en bains ;

3° La source dite *Oranienquelle*, non loin de l'établissement appelé *Oranienhof*, sert aussi exclusivement à la préparation des bains.

La composition chimique des eaux salines de Kreuznach, analysées à ces diverses sources, est la suivante :

Seize onces de 7680 grains renferment :

MATIÈRES FIXES.	SOURCE ÉLISE d'après Löwig.	SOURCE ÉLISE d'après Bauer.	SOURCE de la Nahe.	SOURCE Oranienquelle d'après Liebig.
	grains.	grains.		grains.
Chlorure de sodium. . . .	72,883	72,922		108,705
» de calcium. . .	13,389	13,276		22,749
» de potassium . . .	0,624	0,971	Même	0,460
» de magnésium . .	4,071	0,251		»
» de lithium. . . .	0,613	0,075	composi-	traces.
Iodure de sodium	»	0,003		»
» de magnésium . . .	0,035	»	tion	0,012
Bromure de sodium. . . .	»	0,307		»
» de magnésium . .	0,278	»	que	1,780
Carbonate de chaux. . . .	1,693	»	la source	0,255
» de magnésie. . .	»	1,351		0,130
» de strontiane . .	»	0,683	Élise.	»
» de baryte. . . .	0,017	0,299		»
» de serreux . . .	»	0,199		0,356
» de magnésie. . .	»	0,009		»
A reporter.	00,000	00,000		000,000

MATIÈRES FIXES.	SOURCE ÉLISE d'après Löwig.	SOURCE ÉLISE d'après Bauer.	SOURCE de la Nahe.	SOURCE Oranienquelle d'après Liebig.
	grains.	grains.		grains.
Report.	00,000	00,000	Même	000,000
Sulfate de magnésie. . . .	0,106	»	composi-	»
Oxyde de fer	0,154	»	tion	»
Oxyde de manganèse . . .	0,006	»	que	»
Silice	0,129	0,313	la source	0,999
Alumine	»	0,021	Élise.	traces.
Phosphate d'alumine . . .	0,025	»		0,095
Total des matières fixes .	94,023	90,680		135,541
	dégrés R.	degrés R.	degrés R.	degrés R.
Température	10,00	10,00	8,00	10,00
Poids spécifique	1,0095	1,0095	1,0095	1,02
Contenu pour 100 grammes .	1,22	1,22	1,22	1,75

Dans ces derniers temps, le forage a fait découvrir à Kreuznach encore de nouvelles sources. Nous ne nous en occuperons pas ici, parce que l'analyse chimique n'en a pas encore été faite et que l'expérience n'a pas encore prononcé sur leurs effets.

On rencontre, à un quart de lieue de Kreunach, en remontant la vallée, dix sources échelonnnées le long des salines, dont la majeure partie sert à la préparation des bains et à l'extraction du sel de cuisine. Deux d'entre elles font exception et sont bues par les personnes qui font la cure d'eau ; ce sont les sources de *Theodorshalle* et celle de *Karlshalle*.

Seize onces de 7680 grains renferment :

RÉSIDUS SOLIDES.	Source principale de Karlshalle.
	grains.
Chlorure de sodium	90,62
» de calcium	11,28
Bromure de calcium	
Carbonate de magnésie	1,53
» d'oxyde de fer	0,76
» de chaux	
» de baryte	
» de silice	
Total des résidus solides	104,19
	degrés Réaumur.
Chaleur	18°,3
Poids spécifique	1,0117
Contenu pour 100 parties	1,5

	Source principale de Theodorshalle d'après Mettenheimer
	grains.
Chlorure de sodium	70,602
» de calcium	11,758
» de magnesium	4,124
Carbonate de fer	1,436
» de chaux	
Chlorure de potassium	
Silice	
Acide phosphorique	
Alumine	
Lithium	
Iode	
Total des résidus solides	87,920
	degrés Réaumur.
Température	17°,0
Poids spécifique	1,0107
Contenu pour 100 parties	1,25

Ces deux dernières analyses remontent à longtemps ; il serait à désirer qu'on en refît de nouvelles.

Le brome n'était pas encore découvert en 1825, époque à laquelle remonte l'analyse faite de la source de *Theodorshalle.*

A vingt-cinq minutes de marche on rencontre à l'ouest du côté de Münster a. St., six autres sources. La principale seule est bue par les personnes qui veulent suivre la cure d'eau ; les autres sont utilisées pour les bains et l'extration du sel qu'elles renferment. Dans l'établissement où l'on boit l'eau, il a été organisé un cabinet de vaporisation et de pulvérisation des eaux salines.

Seize onces de 7680 grains renferment :

RÉSIDUS FIXES.	Source principale à Münster sur Pierre,	
	d'après Löwig.	d'après Mohr.
Chlorure de sodium	61,726	60,998
» de calcium	11,623	11,083
» de potassium	0,012	1,342
» de magnésium	0,946	1,471
» d'aluminium	0,018	»
Iodure de sodium	»	0,0004
» de magnésium	0,012	»
Bromure de sodium	»	0,663
» de magnésium	0,248	»
Carbonate de chaux	1,555	1,123
» de magnésie	0,296	»
» de fer	0,226	0,034
» de manganèse	0,010	»
» de lithine	traces.	»
Alumine	0,031	0,007
Silice	0,013	»
Acide phosphorique	traces.	»
Total des résidus fixes.	76,716	76,7214
Température	24°,5 R.	24°,5 R.
Poids spécifique	1,007	1,007
Contenu pour 100 parties	1	1

Il suffit de jeter un coup d'œil sur ces diverses analyses, pour s'apercevoir que les sources de Kreuznach et celles de Theodorshalle, de Karlshalle et de Münster a. St. ont entre elles beaucoup d'analogie, qu'elles ne diffèrent que par leur degré de température et la quantité des éléments minéraux qu'elles renferment.

Nous verrons bientôt quelles influences ces différences de température peuvent avoir, quand il s'agira de l'eau prise en boisson et de ses effets.

Pour ce qui a trait aux bains, ces différences de thermalité que les diverses sources présentent n'ont aucune signification, car pour la préparation des bains il faut tout de même chauffer l'eau.

La quantité d'acide carbonique que quelques-unes renferment n'a pas été déterminée partout avec précision. Mohr a trouvé que l'eau saline de la source principale de Munster a. St. contient à 0 degré Réaumur et à la pression normale de l'air, en volume, 20,9 pour cent d'acide carbonique. Cette proportion est bien trop minime pour entrer en ligne de compte quand il s'agit d'apprécier l'action que l'eau prise en bains exerce sur l'économie, mais elle suffit amplement pour donner à l'eau prise en boisson, ce pétillement qui la rend si agréable à boire.

L'absence complète, dans nos eaux, de sulfates et notamment de sulfate de chaux, constitue une qualité négative précieuse pour elles, en ce sens qu'elles préservent les personnes qui en boivent de grandes quantités, des influences fâcheuses que ce sel produit sur les intestins.

B. Du mode d'emploi des sources salines à Kreuznach.

1° DE L'EAU PRISE EN BOISSON.

Nos sources d'eaux minérales, si riches qu'elles sont en sel, puisqu'on en peut extraire de grandes quantités, ne le sont pas cependant d'une façon à rendre leur usage interne impossible. Cette manière de les faire prendre à l'intérieur est même excessivement avantageuse. Il est évident que nos eaux graduées[1], chargées de sel par le fait de cette opération, ne pourraient pas plus que les eaux fortement salines, comme il s'en trouve dans certaines stations minérales, être employées à l'intérieur.

[1] Nous entendons par *eau saline graduée* l'eau qui a passé par les machines à graduation et qui se concentre par suite de l'évaporation qu'elle subit en se divisant à sept reprises différentes en tombant de 25 à 30 pieds de haut le long de parois de murs recouverts de branchages. La proportion de sels et surtout du sel marin augmente relativement à la quantité d'eau, qui diminue en s'évaporant. La richesse en sel de cuisine devient de plus en plus considérable, et de 1 à 1 3/4 p. 100, elle peut monter à 12 et à 20 p. 100.

16 onces de cette eau saline de Münster a. St., graduée à 14 p. 100, renferment d'après Mohr:

	Grains.
Chlorure de sodium . .	927,6365
» de calcium . .	155,4586
» de magnésium.	12,0192
» de potassinm .	19,0771
Bromure de sodium . .	9,7766
Iodure de sodium . . .	0,0056
Alumine	0,2304
Oxyde de fer	traces
Somme des résidus solides.	1124,2040

Poids spécifique à 12° R. 1,1118

Et sous ce rapport, nous ferons remarquer qu'il n'est pas prudent d'outre-passer la quantité de nos eaux qu'on doit boire ; car si la quantité bue est trop considérable, la muqueuse intestinale peut devenir le siége d'une irritation plus ou moins dangereuse.

Combien permettra-t-on de boire de nos eaux salines? C'est une question délicate à laquelle il est bien difficile, sinon impossible, de répondre d'une manière générale. Chaque malade, suivant son âge ou sa maladie, doit en boire une quantité différente, et c'est le médecin seul qui saura proportionner cette dose à chaque cas particulier.

Chez les enfants, nous commençons d'ordinaire par permettre une once par jour et nous allons en augmentant pendant la durée de la cure jusqu'à accorder 10 et 15 onces.

Chez les adultes, nous donnons de suite 4 onces pour commencer, et petit à petit nous arrivons à leur faire prendre 20 et même 30 onces dans la journée. Nous ne dépassons jamais ce chiffre, parce que nous avons remarqué qu'une plus grande quantité ne se digère plus bien et qu'il s'ensuit des éructations et des vomissements, probablement à cause de la dilution trop considérable du suc gastrique. Et même nous recommandons aux malades auxquels nous faisons avaler 30 onces d'eau, de les boire à petits intervalles dans l'espace d'une ou de deux heures, tout en se promenant en plein air, dans le jardin avoisinant l'établissement de la Trinkhalle ou dans le jardin de leur hôtel.

Le matin, de bonne heure, ils se feront chercher un cruchon d'eau à la source; et pendant qu'ils le videront ainsi que nous venons de le dire, ils se promèneront dans le parc ou, s'asseoiront sur les bancs qui garnissent cette promenade pour entendre la musique délicieuse de notre orchestre. Le moment le plus favorable pour boire nos eaux est le matin de six à huit heures ; très-souvent on permet encore d'en boire l'après-midi, de cinq à sept heures, une petite quantité. On s'arrange de façon que l'après-midi les doses prises ne soient que la moitié de celles prescrites pour la matinée. Mais il ne faut pas trop compter sur l'exactitude des malades à ce sujet : une grande partie d'entre eux s'en vont passer leurs après-midi en excursions dans nos romanesques environs et ne songent plus à l'eau qu'ils devaient encore boire. Les plus consciencieux, ceux d'entre eux qui sont vivement préoccupés du désir de guérir, emportent dans un flacon la quantité d'eau qu'il leur reste à boire, ou bien ils s'en vont, si leurs excursions les mènent de ce côté, la puiser, en passant, aux sources des salines.

C'est le matin à jeûn que l'on doit boire l'eau, car c'est à cette heure de la journée que l'organisme est le mieux disposé à se l'assimiler. Beaucoup de personnes délicates, les enfants surtout, ne peuvent rester longtemps à jeûn et ne supportent pas les promenades en plein air l'estomac vide. On leur permettra de déjeuner une heure avant de prendre les eaux.

Par le mauvais temps, on pourra les prendre dans sa chambre ou dans les vastes allées couvertes, dans les salons des hôtels, au Kursaal ou sous les spacieux promenoirs de la Colonnade. Enfin on pourra encore les faire prendre au lit aux enfants, et aux malades profondément débilités, surtout en hiver, en ayant soin d'en donner alors des doses moindres. Il est des cas où nous ne donnons pas l'eau minérale pure et simple comme elle coule de la source ; il nous faut quelquefois l'associer, soit à une autre eau minérale, soit à du lait chaud, soit enfin à du petit-lait[1], suivant les maladies et surtout suivant l'état de réceptivité stomacale. Il s'est déjà présenté des cas où nous avons été obligé de substituer entièrement à nos sources des eaux minérales étrangères.

En plein été, les eaux de la source Élise (à 10° R.) sont très-goûtées ; elles constituent une boisson très-rafraîchissante. Au printemps et en automne, alors que les jours commencent à fraîchir, on se trouvera bien d'y mélanger du lait chaud ou de l'eau chaude. L'eau de Münster a. St., qui a 24° 1/2 R., a besoin d'être exposée quelque temps à l'air pour se refroidir avant qu'on puisse la boire. Nous recommandons surtout cette précaution aux malades affectés de maladies du cœur ou souffrant de vertiges et de congestions céphaliques ; à ceux aussi chez lesquels l'eau chaude provoque des nausées.

Quant à l'eau de Münster a. St., nous l'ordonnons de

[1] L'établissement, installé à Kreuznach depuis quelques années, d'un débit de petit-lait rend de grands services aux personnes qui fréquentent notre station balnéaire. Un pâtre d'Appenzell arrive chaque printemps à Kreuznach avec un grand nombre de chèvres des Alpes, pour fournir le petit-lait. Celui-ci consiste en un liquide demi-transparent, d'une couleur verdâtre, d'une saveur sucrée et aromatique. C'est du lait auquel on a enlevé la matière butyreuse et caséeuse qu'il renfermait. Le sucre de lait est l'élément solide qui s'y trouve en plus grande quantité. Outre le sucre de lait on y rencontre encore quelques sels que le lait ordinaire renferme.

préférence, ainsi que celle de la source Élise à Kreuznach, mélangée d'eau chaude, aux malades atteints de catarrhe chronique des voies respiratoires et aux sujets délicats de santé qui ne pourraient pas supporter l'eau froide sans inconvénients.

2° DES BAINS.

A. *Bains entiers.*

Vers huit heures, les malades, après avoir bu leur eau, se reposent quelque temps, puis se rendent au bain.

La température de l'eau du bain doit varier entre 25 et 28° R. Les personnes jeunes et vigoureuses trouveront sans doute cette température élevée; mais par contre elle conviendra extrêmement à celles qui sont plus faibles et plus délicates.

Il faut absolument s'en tenir à cette moyenne, car les impressions individuelles sont par trop variables, étant sous l'empire de circonstances très-variables elles-mêmes, telles, par exemple, que la température de l'air ambiant, le temps qu'il fait, la sensibilité plus ou moins grande de la peau et surtout les dispositions spéciales de chaque individu. Aussi, pour contenter ces diverses exigences des malades, comme pour maintenir pendant la durée du bain la température de l'eau au même degré, se sert-on de robinets à eau chaude qu'on n'a qu'à ouvrir en ayant soin de laisser écouler par le bas une quantité égale d'eau pour ne pas faire déborder la baignoire.

Mais s'il est bon de recommander aux malades de ne

pas prendre leurs bains trop chauds, par contre, qu'ils se gardent bien de l'extrême opposé et qu'ils ne les prennent pas trop froids. Un bain trop froid, qui provoque un frissonnement quand on y entre, peut avoir des suites fâcheuses. En effet, le corps s'habitue rapidement à cette température basse, surtout quand on se tient immobile, mais en en sortant on grelotte, et cela d'autant plus que le bain était plus froid, et on risque fort de se refroidir, d'autant plus que le mouvement et l'exercice qu'on se donne après le bain ne sont pas toujours capables de réchauffer le corps. Ainsi cherchez à éviter ces deux écueils et recommandez de préférence une température plus élevée. Que les malades, en entrant dans leur bain, le trouvent plutôt trop chaud que trop froid; cette première impression ne sera pas de longue durée : de légers mouvements et des frictions la feront bien vite trouver agréable.

Quelle sera la durée du bain? Question délicate que le médecin seul, attentif à chaque cas particulier, pourra résoudre. Chez les enfants nous commençons par 10 minutes; chez les adultes par 15, et nous arrivons petit à petit, vers la fin de la cure, à les faire rester dans le bain 45 minutes, et au maximum une heure entière. Nous ne maintenons les enfants jamais plus de 25 minutes au bain.

Les premiers bains que nous ordonnons sont toujours simples, sans addition d'eaux-mères[1].

[1] On appelle *eaux-mères* le résidu des eaux salines après que l'on en a extrait, par la graduation et la vaporisation, les cristaux de sel. Elles représentent une liqueur d'une consistance oléagineuse transparente d'un jaune brun. Elles renferment encore une grande quan-

Les deux premiers bains sont des bains d'épreuve; ils nous montrent l'intensité de la réaction que nos eaux

tité de sels que l'on peut encore en extraire par la vaporisation en les faisant bouillir; c'est le sel des eaux-mères. Aujourd'hui on ne les considère plus comme un produit accessoire, on s'en sert pour augmenter la force minérale des bains, ainsi que pour en extraire le brome et le lithium, dont elles sont très-riches.

Nous devons à Lersch un recueil d'analyses des eaux-mères de Kreuznach, faites jusqu'à ces derniers temps.

10,000 parties d'eaux-mères de Kreuznach	1 Bunsen.	2 Mohr. 1854	3 Polstorf. 1852	4 Rieckher 1846	5 Rieckher 1846	6 Fehling.
Iodure de magnésium. . .	0,7	traces,	traces.	25,1	79,3	
Bromure de magnésium. .	53,2	76,7	68,8	98,2	286,1[4]	61,5
Chlorure de potassium. . .	214,7	170,4	219,2	143,2	471,8	238,3
» de sodium	34,4	208,0	348,4	497,2	356,5	63,8
» de magnésium. .	296.8	334,8	265,1	262,9	403,9	344,4
» de calcium. . . .	3323,9	2622,6	2330,7	2232,4	3880,1	2570,3
» de lithium	145,3[1]	»	10,3[2]	[3]	[5]	[6]
Sulfate de chaux *	»	»	»	2,2	2,8	
Résidu solide	4098,0	3412,5	3225,0	3272,0	5493,0	3293,0
Poids spécifique	»	1335,5 à 17°,5C.	1313,3 »	1307,4 à 18°,7C.		131,6 à 18°,7C.

[1] En plus, chlorure de strontium, 28,6. Traces de cæsium et de rubidium.

[2] Fer, manganèse et traces d'acide phosphorique.

[3] Chlorure d'aluminium, 10,3.

[4] En même temps peut-être un peu de brome.

[5] Chlorure d'aluminium, 12,5.

[6] Chlorure de fer, 0,9.

1. Eaux-mères prises à la Theodorshalle. — 5. Eaux-mères condensées. — 6. Sels des eaux-mères en déliquescence.

Dans toutes ces analyses on a rapporté le poids spécifique des eaux-mères à 1000 parties d'eau, au lieu de les rapporter à une, comme cela se fait ordinairement.

* Il s'est sans doute glissé une erreur dans l'analyse de Richter, à l'égard du sulfate de chaux, car aucune autre ne fait mention de ce sel.

salines provoquent. C'est le troisième jour seulement que nous y ajoutons des eaux-mères, en commençant par 1 quart (de chopine ou d'un demi-litre), et petit à petit, si le malade s'en trouve bien, nous y ajoutons 15 et jusqu'à 20 quarts. Nous ne dépassons jamais cette quantité, car nous risquerions de voir se produire chez nos malades des tremblements, des palpitations de cœur, des vertiges, des étourdissements, en un mot, des congestions vers la tête, si la réaction devenait trop intense.

Chez les enfants et les malades très-impressionnables nous réduisons ces doses de moitié et même des deux tiers.

On peut aussi, pour renforcer la puissance de nos bains, se servir, au lieu des eaux-mères, des eaux salines graduées, car elles renferment en très-grande proportion, le fer excepté, tous les éléments minéraux de nos sources. Leur richesse en chlorure de sodium est même plus grande que celle des eaux-mères, parce que tout le sel qu'on extrait de ces dernières par vaporisation dans les chaudières y est encore contenu.

La durée de la cure d'eaux est de quatre à six semaines; c'est le temps qu'on compte d'ordinaire quand il ne survient rien qui empêche de la continuer, comme, par exemple, un refroidissement ou l'apparition des règles chez les femmes.

Après six semaines de cure continue, il faut s'arrêter: l'économie est arrivée à un degré de saturation que nous devons respecter. On reconnaîtra que l'organisme est saturé quand les fonctions digestives se feront difficilement, que le sommeil sera agité, que les garde-robes deviendront rares ou au contraire trop abondantes, quand, en même temps, la peau se couvrira de rougeurs ou d'une éruption miliaire (sorte de poussée des eaux). Une espèce d'indolence ou de mauvaise humeur s'empare alors du malade, les congestions vers le cerveau, les palpitations de cœur surgissent, le malade est pris de la fièvre. Aussi, quand ces symptômes apparaissent, nous suspendons le traitement. Ses effets consécutifs parferont la guérison s'il subsiste encore des traces de maladie.

Il ne faudrait pas prendre les symptômes sus-mentionnés pour des phénomènes critiques ; ils sont sans influence aucune sur le décours de la maladie ; ils peuvent se montrer tout aussi bien après quelques bains qu'après un usage prolongé de ceux-ci. Une sensibilité très-grande et de la peau et du tube digestif semble favoriser leur apparition.

Il y a des malades qui, après une saison passée à Kreuznach, rentrent chez eux non entièrement satisfaits de la vertu de nos eaux ; qu'ils prennent patience, car l'effet salutaire qu'ils en attendaient ne se fait souvent sentir que quelques semaines, quelques mois après ; qu'ils songent, pour modérer leurs exigences, à la chronicité de leurs maux, aux longues années pendant lesquelles ils en étaient tourmentés, et ils seront forcés d'être justes à l'égard de nos sources, ceux surtout qui sont atteints de maladies congénitales. Une saison est-elle insuffisante, il faudra en recommencer une nouvelle l'année suivante.

Nous recommandons souvent à des malades de reprendre des bains de Kreuznach artificiels, une fois rentrés chez eux, ainsi que d'y boire de nos eaux.

Quelquefois, quand la nécessité le commande, nous faisons faire deux cures le même été, sur place, après un intervalle de repos de quelques semaines. Ce moyen nous a souvent réussi, et nul doute qu'à Kreuznach même ce traitement minéral n'ait des résultats bien supérieurs à ceux que l'on obtient dans le pays où le malade vit au milieu des préoccupations de ses affaires.

Enfin, quand les circonstances s'y opposent et que le malade, malgré la nécessité qu'il y aurait, ne peut retourner faire une saison à Kreuznach, nous lui recommandons de faire un traitement d'eaux minérales chez lui; il n'y aura pas grande difficulté à se procurer de nos eaux : on expédie maintenant partout de l'eau de la source Élise, ainsi que des eaux-mères de Kreuznach. Il s'installera, non loin de ses affaires, dans un jardin à proximité de belles promenades, il suivra le même régime que nous lui avions prescrit l'année précédente, et prendra les eaux de la même manière.

Bien que l'été soit la saison qu'on choisit de préférence, parce que c'est celle qui est la plus favorable, pour faire une saison de bains, nous voyons cependant des malades nous arriver l'hiver; dans ce cas, le mal est pressant et les malades demandent un soulagement rapide de leurs souffrances. Ils trouveront à Kreuznach, pendant cette saison de l'année, des hôtels toujours ouverts, bien aménagés, avec tout le confort et l'élégance désirables.

Nous ne faisons jamais prendre qu'un bain par jour, le matin, et ce n'est que dans les cas qui l'exigent impérieusement, que nous dérogeons à cette règle. Alors nous faisons prendre le second bain vers le soir.

B. *Bains de siége, maniluves, pédiluves, bains locaux.*

Ces divers bains se donnent de préférence le soir; ils servent à compléter le traitement par les bains généraux.

C. *Emploi local des eaux salines.*

Ces applications locales sont de diverses sortes.

a) En compresses.

Suivant le but que nous nous proposons de remplir, nous employons en compresses l'eau chaude ou l'eau froide; la première, quand il s'agit de ramollir et de liquéfier les tissus; la seconde, quand nous voulons obtenir une réaction forte et rapide du côté de la peau, une dérivation, en un mot, qui dégagera un organe profondément situé d'une congestion sanguine par exemple, et amènera la résorption des produits plastiques qui s'y seraient localisés. Nous faisons, dans ce dernier cas, de l'hydrothérapie; nous enveloppons les membres ou les régions du cou, de la poitrine, des extrémités, du ventre etc., de compresses, en totalité ou en partie. Et si cette méthode de traitement jouit d'une si grande renommée, alors que l'eau dont on se sert est de l'eau ordinaire, nous laissons à juger combien ses effets seront efficaces avec nos eaux salines. Chez certains individus, nous serons obligés même d'ajouter à notre eau des eaux-mères, afin d'administrer les sels qu'elles renferment dans un état de concentration plus forte et de provoquer ainsi une réaction sur leur peau trop insensible. Chez d'autres, au contraire, dont la délicatesse et la finesse de la peau est extrême, la moindre application de compresses trempées dans nos eaux sera trop forte et déterminera un eczéma.

b) En injections,
dans le vagin, le rectum et les fosses nasales.

Je recommande à mes malades, pour les injections vaginales, l'instrument décrit dans le bel ouvrage de Scanzoni : *Étude des maladies des organes sexuels chez la femme.* Il leur rendra des services signalés dans toutes les circonstances où les injections dans le vagin sont indiquées.

J'ai fait réunir, pour la commodité de son usage, en une seule pièce les deux parties de l'instrument en question. La fig. 1 montre cette modification :

« Cet instrument ou cet appareil se compose d'une demi-sphère creuse en plomb (*b*), ouverte à la partie supérieure, à laquelle se trouve adapté un tuyau en caoutchouc, long de 5 pieds (*c*), terminé par une pièce de corne (*d*). Cette demi-sphère est échancrée d'un côté sur le cercle de section; on la place dans une cuvette (*a*) qui renferme le liquide à injecter, et que l'on pose sur une table devant la malade. Celle-ci, assise sur une chaise, introduit un embout (*f*) dans la pièce de corne susmentionnée et aspire jusqu'à ce que le liquide de la cuvette coule au travers du tuyau de caoutchouc. Cela fait, elle introduit dans le vagin l'extrémité recourbée de ce tuyau qui est munie d'une canule en corne, et le liquide continue de couler, d'après la théorie du siphon, à la condition que la cuvette soit plus élevée que l'extrémité

Fig. 1re.

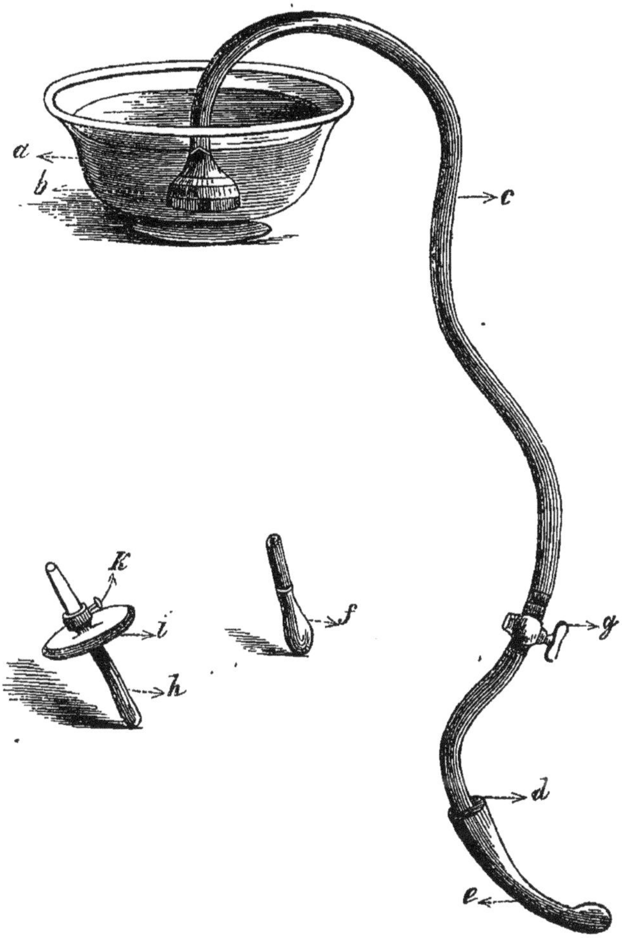

Fig. 1. *Appareil à injections.*

a. Cuvette contenant le liquide à injecter.
b. La demi-sphère de plomb.
c. Tuyau en caoutchouc.
d. Canule en corne.
e. Tube recourbé (vaginal, utérin).
f. Embout pour aspirer le liquide.
g. Robinet.
h. Canule utérine droite en bois.
i. Disque mobile.
k. Vis de rappel.

vaginale du tuyau. Il faut l'expliquer aux malades et leur faire bien comprendre que le jet du liquide aura une force d'autant plus grande que la cuvette sera plus élevée. Elles règleront d'après cela elles-mêmes la force à donner à leurs injections. »

On peut encore amorcer l'appareil sans avoir recours à l'aspiration par la bouche ; on remplira alors, après l'avoir sortie de la cuvette, la demi-sphère de plomb et le tuyau avec de l'eau ordinaire, après quoi on la replacera toute remplie dans la cuvette ; on n'aura ensuite qu'à ouvrir le robinet, et l'appareil fonctionnera. Cet appareil, d'une extrême simplicité, ne coûte pas cher et remplit toutes les indications. Avec lui les malades peuvent se donner des douches ascendantes très-simplement. Il remplace avantageusement tous les instruments analogues (clysopompes, irrigateurs) et il n'en offre pas les inconvénients. En tout temps et quand elle le veut, la malade peut s'en servir sans l'aide de personne. Une fois amorcé, il fonctionne lentement et uniformément ; le jet est continu, sans saccades, et s'arrête instantanément par un tour de robinet ; enfin la dimension de la cuvette doit être assez grande pour qu'on ne soit pas obligé d'y ajouter du liquide pendant l'opération.

J'ai remplacé dans ces derniers temps la canule utérine courbe par une canule droite en bois (*h*), montée sur un disque rond et mobile (*i*), qui peut monter ou descendre à volonté, au moyen d'une vis de rappel (*k*). Cette nouvelle canule présente l'avantage, énorme à notre point de vue, de ne pénétrer dans le canal vaginal qu'à une hauteur qu'on peut régler ; c'est ainsi que dans les chutes ou abaissements de l'utérus on évitera sûrement de blesser le col de cet organe peut-être déjà ulcéré.

Nous employons, suivant les indications que nous nous proposons de remplir, les eaux salines en injections tantôt chaudes, tantôt froides, additionnées ou non d'eaux-mères. Quand les injections dans le vagin ne peuvent être tolérées par les malades, nous nous bornons à faire pénétrer dans ce canal l'eau du bain; à cet effet nous avons fait construire un spéculum à valves que la malade s'applique pendant le bain et qui permet à l'eau de baigner les parois vaginales. Le même appareil que nous avons décrit peut aussi servir à donner des lavements ainsi que des injections dans la vessie; il va sans dire que dans ces cas la canule terminale est remplacée par des canules appropriées.

Pour les injections vésicales, j'ai fait adapter bien exactement une sonde en caoutchouc (*a*) à l'extrémité du tuyau (*c*) au moyen d'un petit cylindre en ivoire (*b*). Il est de la plus grande importance de ne pas laisser pénétrer l'air dans la vessie; aussi, après avoir placé le cathéter dans la vessie, on y adapte immédiatement le restant de l'appareil au moyen du petit cylindre (*b*), après l'avoir préalablement amorcé. On se sert d'une éprouvette graduée comme récipient du liquide à injecter, de façon à savoir bien exactement la quantité que l'on introduit dans la vessie. On fait en sorte que le liquide dans l'éprouvette ne descende jamais au-dessous d'une certaine ligne (*d*), car sans cela il pourrait pénétrer de l'air dans la vessie, et on ferme le robinet avant de retirer la sonde.

Dans les cas où l'on injecterait dans la vessie un liquide qui exercerait une action chimique sur la demi-sphère en plomb de l'appareil, comme par exemple une solution de nitrate d'argent, il faudrait remplacer cette pièce par une analogue en verre.

Disons encore, avant de finir ce sujet, que l'on peut aussi se servir de cet appareil pour donner des douches oculaires, ainsi que des douches dans les fosses nasales, comme le fait avec tant de succès Weber, de Halle, dans les affections de la muqueuse naso-pharyngienne.

On place l'extrémité de corne (fig. 2, *c*) du tuyau dans une narine, en ayant soin de laisser l'autre ouverte, et l'injection revient par la narine opposée sans tomber dans la gorge; de cette manière on pourra faire passer au travers des fosses nasales une grande quantité de liquide. Weber recommande ces douches dans les fosses nasales dans plusieurs affections du tissu conjonctif et notamment dans l'ozène, les maladies de la trompe d'Eustache et même dans celles des sinus frontaux. Lorsque ces lésions sont sous la dépendance de la syphilis, il préconise en injection une solution de sublimé corrosif; mais quand leur nature n'est pas syphilitique, il donne la préférence aux injections d'eau salée[1]. Nous ne pouvons, d'après le résultat de notre expérience et les heureux effets que nous avons obtenus par l'emploi de nos eaux salines en pareilles circonstances, que corroborer les opinions de ce professeur célèbre.

[1] Voy. *Allg. med. Central-Zeitung*, n° 85, 1864.

Fig. 2.

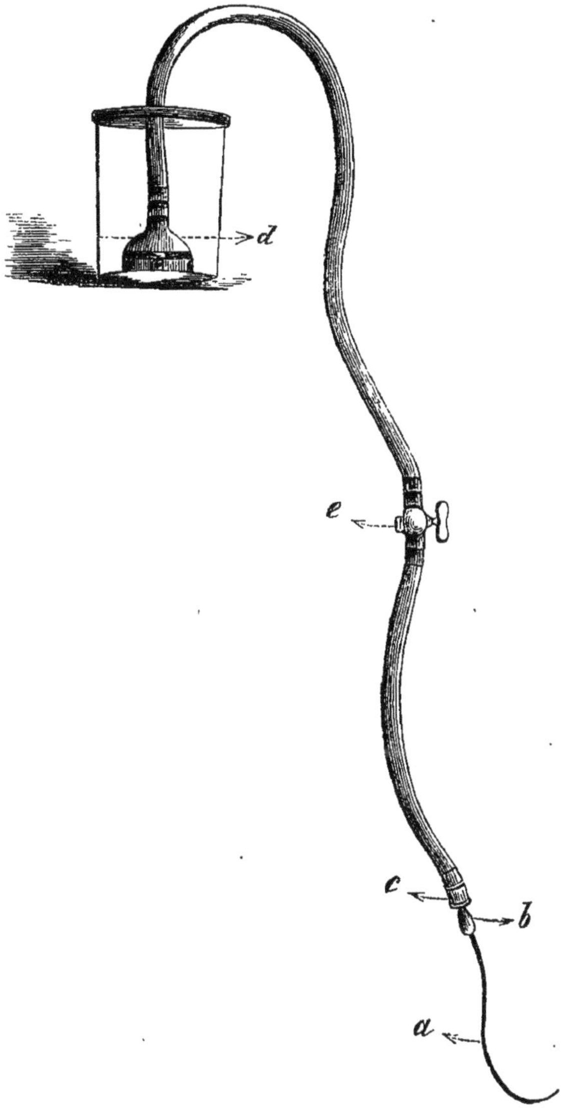

c) En douches.

La douche est un moyen très-puissant, qui réussit dans les affections du système nerveux, quand il s'agit, par exemple, de réveiller la sensibilité et les mouvements d'un membre paralysé, ou bien dans les maladies chroniques qui ont amené à leur suite des tumeurs et des exsudations plastiques que l'on voudrait faire résorber.

Les effets de la douche sont énergiques et portent particulièrement sur la circulation. C'est une hyperhémie passagère de la peau, produite presque exclusivement par le froid qu'elle engendre. Nous mettons cette propriété à profit quand il s'agit d'appliquer des douches froides sur la tête, sur le bas-ventre, sur les organes génitaux. Les qualités de l'eau et les éléments minéraux qu'elle peut contenir ne sont ici qu'accessoires; la douche en elle-même est la chose importante.

On commencera par les donner seulement une ou deux fois par semaine, et elles seront de courte durée. Petit à petit on ira en en augmentant, soit le nombre, soit la durée, soit la force. On n'oubliera pas qu'on a affaire à un moyen très-énergique, et avec de la prudence on préviendra toute inflammation ou irritation qu'un excès, soit d'intensité, soit de durée dans son application, pourrait occasionner.

3° COMPLÉMENT.

Préceptes relatifs à la cure d'eaux et au régime à suivre.

Les enfants et les personnes délicates qui viennent de loin chercher leur guérison à Kreuznach doivent se reposer quelques jours des fatigues du voyage et s'acclimater d'abord à notre température et au genre de vie nouveau qu'elles auront à suivre, avant que d'entreprendre la cure.

Il faut éviter de se mouiller les cheveux dans le bain;

car nos eaux salines, probablement en raison du chlorure de sodium qu'elles contiennent en abondance, sont très-hygrométriques, et les cheveux mouillés par elles ont beau être essuyés et séchés, ils attirent à eux l'humidité de l'atmosphère à l'instar des corps hygrométriques et peuvent ainsi devenir une cause de refroidissement.

Il en est de même du conduit auditif externe, qu'on préservera également, sauf indications spéciales, du contact des eaux salines et surtout de celles-ci chargées d'eaux-mères, car elles pourraient enflammer la membrane du tympan. Ce n'est que dans les maladies cutanées du cuir chevelu ou de l'oreille externe, que le lavage de la tête avec nos eaux peut être recommandé. Mais dans tous les cas il faut bien sécher la tête, et une excellente pratique consiste, au sortir du bain salin, à laver la tête avec de l'eau douce ordinaire pour enlever toute la substance saline qui peut y être restée.

En sortant du bain, le malade s'enveloppera dans un grand peignoir d'étoffe grossière, et seul ou secondé par un aide il s'essuiera le mieux possible ; cette opération est assez longue, car il est assez difficile de se sécher complétement les cheveux et les espaces interdigitaux des pieds. Pour éviter les refroidissements, nous recommandons aux malades de ne pas faire chauffer leur peignoir, comme la majeure partie sont tentés de le faire. La réaction qu'il détermine sur la peau s'effectue bien mieux quand le linge est froid.

Après le bain, le malade encore à jeûn se rendra dans sa chambre et prendra une collation, qui se composera d'une tasse de lait ou de cacao et d'un petit pain blanc. Nous ne permettons le thé ou le café qu'aux personnes qui, par suite d'une longue habitude, ne peuvent s'en passer.

Jusqu'au dîner, la lecture, les visites, les courtes promenades sont les occupations des baigneurs. Ceux que le bain aura fatigués feront bien de se coucher et de goûter un peu de sommeil.

La table ne sera pas trop richement servie; les mets seront de bonne qualité et il y en aura cependant suffisamment, car les malades jouissent généralement à Kreuznach d'un bon appétit. Les excursions, les promenades, l'usage des eaux salines, enfin tout, jusqu'à l'habitude de se lever de bon matin, contribue au résultat cherché, à savoir la guérison. Nous leur recommandons en conséquence de manger un bon potage, de la viande bien apprêtée, avec des légumes verts (asperges, haricots, choux-fleurs, choux, épinards, scorsonères, purée de pommes de terre), ensuite un rôti de viande ou de la volaille avec de la compote. On interdira les viandes salées et fumées, ainsi que les mets épicés, acides ou trop gras, car leur usage ne s'harmonise pas avec celui des eaux salines. On permettra un verre de vin ou de bière, suivant les cas où le médecin le jugera convenable. Il est des malades auxquels on ne devra pas en accorder du tout, tandis que chez d'autres on pourra dépasser cette quantité; mais, en règle générale, il vaudra mieux être sévère et s'en tenir à un stricte minimum.

L'après-midi se passe à faire des promenades et des excursions dans les environs. Quelque salutaires qu'elles soient, ces promenades ne doivent pas être faites trop longues, afin que le malade ne se fatigue pas et qu'il puisse encore arriver à temps pour souper. De cette façon sa digestion sera faite quand il se couchera, il dormira bien et le lendemain il se réveillera frais, dispos et prêt à recommencer. Le souper sera léger; une tasse de lait, un potage, de la viande blanche avec une compote ou quelques œufs frais le composeront.

Toutes ces règles sont générales, et il est bien entendu que l'on sera obligé de les modifier suivant chaque cas particulier. Ainsi bien souvent le médecin sera forcé de prescrire un régime bien plus sévère.

Nous engageons nos malades à continuer, de retour chez eux, le régime que nous leur avons fait suivre à Kreuznach pendant un mois au moins; c'est le temps également pendant lequel les effets consécutifs de nos eaux salines se font encore sentir.

Ceux qui contreviendraient à cette recommandation s'exposeraient à des vomissements et à beaucoup d'autres inconvénients, dont le moindre serait d'arrêter pendant ce contre-temps l'influence prolongée de la saison qu'ils viendraient de faire.

C. De l'action des sources salines de Kreuznach.

L'action des eaux salines est incontestable, des milliers de malades qu'elles ont guéris en font témoignage. Mais quand il s'agit de donner une explication sur la nature de cette action, sur la manière dont elle s'effectue, nous sommes obligé de décliner notre incompétence. « Il n'est pas donné à la nature humaine de pénétrer l'essence des choses. » C'est un des problèmes que les sciences biologiques auront encore longtemps à résoudre.

Mais nous n'en savons pas davantage à l'égard de beaucoup, nous pourrions dire de tous les médicaments que journellement nous employons et dont l'action est certaine. Il en est de nos eaux salines comme du calomel par exemple ; nous ne nous expliquons pas leur action, nous savons qu'elles excitent et voilà tout. Nous savons, pour en revenir au calomel, que quelques heures après son ingestion, les selles deviennent verdâtres et liquides. Mais comment cela se fait-il, quelles modifications le calomel introduit dans l'estomac subit-il en présence du suc gastrique et comment finalement absorbé, ce corps parvient-il à donner aux selles une consistance de bouillie et une couleur verdâtre? Nous n'en savons rien, et tous nos livres ne répondent à ces questions que d'une manière très-hypothétique.

Voyez l'opium, le roi des médicaments, sans lequel l'art de guérir ne serait pas possible : il arrête les vomissements et les diarrhées les plus rebelles. Mais comment? Ne fait-il que produire dans les cas de diarrhée une paralysie momentanée des mouvements de l'intestin? Si son action se bornait là, s'il n'avait pas le pouvoir de modérer la sécrétion intestinale elle-même, il n'atteindrait certes pas ce but. En réalité l'opium semble avoir ces deux actions, il met l'intestin au repos et il n'est pas du tout impossible qu'en raison de ce repos auquel il le condamne, sa sécrétion abondante ne diminue et ne s'arrête (Niemeyer).

Ainsi, pour en revenir à nos eaux, nous avons deux questions à résoudre :

1° *Quel est le mode d'action des eaux salines prises en boisson?*

2° *Quel est leur mode d'action quand elles sont prises en bains?*

Étudions d'abord les effets que produisent les éléments minéraux qu'elles renferment sur le corps humain, et l'ensemble de ces effets nous permettra d'apprécier le mode d'action de nos eaux elles-mêmes.

Passons successivement en revue d'abord les effets de l'*eau pure*, qui entre pour une forte quantité dans la composition de nos eaux, et ensuite des divers corps minéraux dont l'analyse chimique nous a révélé la présence. L'eau que nous prenons en boisson soit à nos repas soit dans le courant de la journée quand la soif nous y invite, sert à diluer les aliments et à leur donner une consistance liquide qui permette leur absorption. C'est ainsi que l'on peut considérer l'eau de nos sources comme le véhicule des éléments minéralisateurs solides qu'elles renferment, destiné à les porter par toute l'économie dans un but curatif. Elle pénètre dans le sang, circule avec lui et le dilue; mais ses effets ne se bornent pas là, ils s'étendent au loin jusque dans l'intimité des tissus, dont elles activent les métamorphoses. Il en résulte une augmentation de produits de décomposition, dont la sécrétion rénale est chargée de purifier le sang. « L'eau débarrasse l'économie de tous les produits de décomposition qui ont servi; en même temps que ces déchets disparaissent, ils sont remplacés par des éléments nouveaux. Je ne connais pas de corps, pas de substances dans lesquelles les mouvements de régression et de formation de la matière se suivent d'aussi près » (Bœcker).

L'eau pure, nous le savons, a la propriété de faciliter les selles; qu'elle agisse à cet effet mécaniquement en divisant les matières fécales dans les intestins, ou bien d'une manière dynamique en provoquant les mouvements péristaltiques de cet organe, nous en conclurons que les eaux salines prises en boissons doivent également avoir cette action, et même d'une manière bien plus considérable. Elles jouissent en effet de cette propriété, surtout quand on les prend le matin à jeûn.

Parmi les éléments solides que nos eaux renferment, le *chlorure de sodium* doit spécialement fixer notre attention. Comme nous l'avons vu[1], il entre dans la composition de nos eaux dans une proportion beaucoup plus grande que tous les autres sels, et l'on peut presque dire que nos eaux lui doivent toutes leurs propriétés. Pour ce qui est des autres corps minéraux que l'on retrouve dans nos eaux, il ne faudrait pas se faire une idée exagérée de leur action; leur proportion relativement à celle du chlorure de sodium est minime, et ce n'est guère que comme adjuvants de ce dernier sel qu'il faut les considérer. Nous ne citerons pour exemple que l'iode, auquel on a voulu faire jouer un rôle considérable, et qui en réalité ne se rencontre qu'à dose homéopathique dans les quantités d'eau que nous faisons boire à nos malades. Le chlorure de sodium augmente l'appétit et rend les digestions plus faciles, ce qu'explique son action spéciale sur la muqueuse de l'estomac ainsi que sur le suc gastrique qu'elle sécrète. Cette action ne

[1] Voy. les analyses chimiques précédentes.

reste pas bornée au ventricule, elle se poursuit dans toute la longueur du tube digestif et détermine ces selles molles et cette suractivité des mouvements péristaltiques des intestins dont nous avons déjà parlé. Nous sommes donc obligés de reconnaître à nos eaux salines une vertu particulière dans les divers catarrhes de l'estomac et des intestins. Porté au loin dans les sucs nutritifs qui baignent nos tissus, le chlorure de sodium fait bénéficier toutes les régions de notre corps de ses propriétés salutaires; le chyle et le sang, avec lesquels il circule, facilitent encore son transport dans toutes les parties de l'économie, qui s'en trouve ainsi totalement imprégnée. Aussi nous rendons-nous parfaitement compte de l'action de nos eaux dans les catarrhes pulmonaires chroniques, où l'on voit la sécrétion pulmonaire augmenter par leur usage, et dans les tumeurs glandulaires de nature scrofuleuse, où nous leur voyons déterminer de la douleur et de l'inflammation.

Nos sources ne doivent en définitive les propriétés curatives que nous leur connaissons qu'à cette irritation continue que leur chlorure de sodium détermine dans toute l'économie. De même que le chlorure de sodium parvient à guérir certains troubles fonctionnels de l'appareil respiratoire, de même aussi lui sommes-nous redevables de la disparition ou de la diminution des tumeurs ganglionnaires et de leur résorption, qui s'opère par un mécanisme analogue. Dans l'un et dans l'autre cas, ce sel détermine une circulation plus régulière soit dans le réseau capillaire soit dans la trame vasculaire des poumons, d'où résulte et la résorption des engorgements d'une part, et de l'autre, avec une expectoration plus abondante, la disparition de l'hyperhémie des canaux bronchiques.

Ce n'est également qu'au chlorure de sodium que nos eaux sont redevables de la guérison des maladies de peau; l'irritation en effet que ce sel détermine sur le tégument externe augmente la congestion et la sécrétion de cet organe et hâte ainsi la terminaison du travail morbide.

L'eau introduite dans le tube digestif est attirée dans le sang par un véritable phénomène d'aspiration. Les reins, les poumons, la peau se chargent bientôt de l'en éliminer. Au fur et à mesure que l'économie s'apauvrit en eau, l'absorption d'une nouvelle quantité a lieu par le tube digestif et vient remplacer la quantité perdue. L'eau traverse donc tous les tissus, les imbibe tous. Les corps solubles, et spécialement le chlorure de sodium, cheminent avec elle et, une fois dans le sang, se distribuent aux organes les plus divers du corps humain, pour y porter la force et la vigueur.

Le chlorure de sodium ne fait pas seulement partie intégrante des globules sanguins, le sérum en contient une forte proportion. Si l'on calcine du sang, on trouve 61 p. 100 de chlorure de sodium. Nous en conclurons que le chlorure de sodium est indispensable à la constitution et à la santé du corps et que sa présence dans nos eaux salines est une condition précieuse pour la conserver ou la rétablir.

Le chlorure de sodium se trouve mélangé avec de l'albumine dans les globules sanguins. La proportion de ce mélange est inverse de celle qu'on rencontre dans le sérum relativement à ces deux corps. Vogel et C.

Schmidt prétendent que ce sont d'excellentes conditions pour favoriser la formation des tissus.

L'albumine semble être tenue en solution par le chlorure de sodium et présider sous cette forme à la métamorphose cellulaire. Les expériences de C. G. Lehmann nous ont en effet appris qu'une addition de sel de cuisine à du suc gastrique dans les digestions artificielles fait dissoudre le blanc d'œuf coagulé.

Le chlorure de sodium en excès que le sang peut renfermer est éliminé par les urines, la sueur, la salive et les mucosités. On s'explique d'après cela pourquoi, après un certain séjour à Kreuznach, les malades éprouvent une saveur salée dans la bouche, ainsi qu'une salivation plus abondante. L'urée augmente également dans les urines en même temps que la chlorure de sodium (Liebig).

L'impulsion plus active communiquée par le chlorure de sodium à la force formatrice de nos tissus et à leurs métamorphoses élémentaires, constitue en résumé la vertu de nos eaux. La composition du sang et la nutrition générale ne tardent pas à se ressentir de ce nouvel état de choses ; les différents organes reprennent leurs fonctions normales.

Le *chlorure de calcium* vient, comme quantité, immédiatement après le chlorure de sodium. Nous ne savons rien de spécial sur l'action qu'il exerce sur le corps humain. On prétend qu'il contribue bien plus que le chlorure de sodium, en raison de l'instabilité de sa composition sans doute, à former l'acide chlorhydrique libre qui se trouve dans le suc gastrique ; il active la sécrétion urinaire et la rend plus abondante. Il est de plus probable que, comme les autres sels calcaires, il renforce le chlorure sodique dans son action sur le changement moléculaire.

Le *lithium* se rencontre dans nos eaux salines, combiné au chlore et à l'acide carbonique à l'état de chlorure et de carbonate. Garrod prétend qu'il est le meilleur dissolvant de l'acide urique ; il se combinerait avec lui pour former des urates de lithium solubles. Aussi fonde-t-on un grand espoir sur nos eaux pour le traitement de la diathèse urique. C'est dans ce but qu'on nous envoie des malades atteints de calculs vésicaux, rénaux, hépatiques ou de concrétions d'acide urique dans les articulations et dont nos eaux doivent opérer la résorption.

L'*iode* augmente la sécrétion du suc gastrique par suite de l'irritation qu'il détermine sur la muqueuse stomacale ; en raison de cette propriété irritante, on voit que son action est en tout semblable à celle du chlorure de sodium. L'usage de ce corps est entièrement livré à l'empirisme ; la chimie ne nous a pas encore renseigné sur ses propriétés spéciales.

Aussi sommes-nous obligés de tenir compte des observations faites à ce sujet : l'expérience nous a appris que l'iode dissout les tumeurs plastiques, les hypertrophies, les indurations et même les goîtres. Tous les jours nous en avons l'exemple. Ce métalloïde doit sans doute cette propriété à sa rapide diffusion dans l'économie et à son élimination rapide également par les urines, la salive, la sueur et même la sécrétion mammaire. L'iode jouit, en outre, de la propriété d'augmenter l'abondance de toutes ces sécrétions.

Le *brome* a les mêmes qualités que l'iode. Les expériences ne nous ont rien appris de spécial à l'égard de ce corps.

Carbonate de chaux. On trouve dans le squelette des animaux vertébrés du phosphate de chaux et du carbonate de chaux. Valentin prétend même que dans les os nouvellement formés le carbonate de chaux se trouve en plus grande proportion que le phosphate. Plus tard, et surtout à un âge avancé, c'est le contraire qu'on observe : les os renferment alors une plus grande quantité de phosphate. On peut d'après cela supposer qu'avec les progrès de l'âge, l'acide phosphorique libre va se combiner avec la chaux que le carbonate de chaux laisse libre dans l'économie. Il faut donc pourvoir au remplacement de ce sel, et c'est en remplissant cette indication que nos eaux salines nous rendent des services signalés dans les formations vicieuses du tissu osseux et en général de tous les tissus, car le carbonate de chaux n'est étranger à aucun.

Dans le rachitisme, où l'on observe une diminution notable de chaux dans le système osseux, nos eaux réussissent à merveille, ainsi que dans la scrofule, où la nutrition générale et la composition intime des tissus est altérée.

Le *fer* que les eaux de Kreuznach renferment sert à reconstituer le sang; grâce à son action, nous voyons se former de l'hématine et même de nouveaux globules sanguins. Aussi dit-on avec raison que le *fer fait du sang*, et l'expérience journalière vient confirmer cette idée. L'usage du fer est surtout couronné de succès chez les personnes affaiblies dont le sang est pauvre, chez les jeunes filles chlorotiques. Toutes les fois que nous voyons chez les personnes, après un certain usage de nos eaux prises en boisson, le sang devenir plus rouge, la nutrition meilleure et les chairs plus fermes, nous pouvons être sûrs que c'est au fer qu'elles doivent en être redevables.

Le *manganèse* exerce une action identique à celle du fer. Nos eaux salines, bien que peu riches en ces métaux, se rapprochent cependant par leurs effets de beaucoup d'eaux minérales ferrugineuses, réputées fortifiantes.

Les autres corps minéraux que nos eaux salines renferment n'offrent, au point de vue thérapeutique, qu'un intérêt secondaire.

Occupons-nous de la seconde question que nous nous étions posée : *Quelle est le mode d'action de nos eaux salines prises en bains?*

Ici les divergences d'opinions apparaissent.

Les eaux salines agissent-elles seulement après avoir été absorbées par la peau ; ou ne doivent-elles leurs effets sur l'organisme qu'au contact répété de leurs éléments minéralisateurs avec la peau ; ou enfin est-ce qu'elles jouiraient de ces deux modes d'action à la fois ?

S'il est une question controversée, c'est bien celle de l'absorption des éléments minéraux par la peau dans le bain. *A priori*, on devrait la résoudre par l'affirmative, quand on voit tant de maladies guérir par l'usage exclusif des bains. Je prendrai la liberté, à ce sujet, de raconter une observation bien consciencieusement faite et tirée de ma pratique :

Je fus appelé auprès d'un enfant le huitième jour après sa naissance; il respirait avec peine et ne prenait pas le sein. Après l'avoir examiné avec soin, nous reconnûmes qu'il était atteint d'un coryza et que les sécrétions qui obstruaient ses fosses nasales étaient la cause de tous les symptômes fonctionnels. L'aspect cachectique de ce petit être, à figure de vieillard, nous fit penser que la nature de ce mal devait être syphilitique; mais, dans le doute, nous lui fîmes badigeonner l'intérieur des fosses nasales avec de l'huile d'amandes douces plusieurs fois par jour. Après douze jours de ce traitement, nous aperçûmes, en découvrant le petit malade, une éruption de taches évidemment syphilitiques. Ces taches disparaissent au bout de quelque temps, si on découvre l'enfant, parce que sa peau se refroidit à l'air. Ce dernier signe ne nous laisse aucun doute sur la nature syphilitique de cet exanthème. Redoutant chez un nouveau-né de donner du mercure à l'intérieur, nous lui fîmes prendre tous les jours un bain entier avec 10 grains de sublimé corrosif et pour nourriture du lait avec un peu de vin de Madère.

Après un mois de traitement, le nez était désobstrué et l'exanthème disparu. Les forces revinrent et, à la place d'un petit cadavre, nous avions un petit enfant chez lequel la figure remplie et la bonne coloration des joues indiquaient la santé.

Comme pendant tout le traitement la peau de cet enfant était restée intacte de toute érosion, que les ulcérations syphilitiques l'avaient épargné, nous sommes en droit de supposer, pour expliquer sa guérison, que l'absorption du sublimé a dû se faire au travers de l'épiderme. Cette observation est donc bien convaincante; ce que dit le célèbre docteur Lehmann, à propos du mode d'action des bains de sublimé, ne saurait la contredire :

« Une solution plus concentrée de sublimé corrosif attaque l'épiderme, y adhère, l'imbibe et agit mécaniquement. On ne peut tirer aucune conclusion d'après cela en faveur de l'absorption cutanée dans le bain[1]. »

L. Lehmann, comme il le dit lui-même, n'avait en vue que des solutions concentrées, et il ne viendra à la pensée de personne d'imaginer qu'une solution de 10 grains dans un bain entier puisse être assez forte pour attaquer l'épiderme. Car s'il en était ainsi, oserions-nous faire avaler à nos malades, matin et soir, une grande cuillerée de liqueur de Van Swieten, qui contient 10 grains de sublimé pour un litre d'eau-de-vie de seigle?

On se fondait autrefois sur ces guérisons de maladies spécifiques exclusivement par les bains, pour admettre l'absorption, à travers l'enveloppe cutanée, des principes minéraux que l'on y avait mis. Partant de ce fait, les physiologistes et les physiciens se sont ingéniés à décrire la structure de la peau comme éminemment favorable à l'absorption. Et les raisons ne manquaient pas à l'appui de leur opinion : c'étaient les états d'humidité et de sécheresse variables de la peau, la perméabilité de ses pores, au moyen de laquelle on expliquait la déperdition de chaleur, l'exhalation d'acide carbonique et d'eau qui se fait à sa surface (perspiration de Haller), la présence

[1] *Archiv f. Baln.*, II, 4, p. 329.

à sa périphérie des innombrables orifices des glandes sudoripares et sébacées qui la mettent en communication avec l'extérieur, et enfin le vaste réseau capillaire qui rampe dans son épaisseur.

Mais de nouvelles expériences sont venues dans ces derniers temps ébranler cette manière de voir, sans toutefois lui substituer une opinion entièrement à l'abri de tout conteste. Aussi, sans prendre parti ni pour l'une ni pour l'autre, nous nous en tiendrons à ce qu'il y a réellement de certain et de positif dans cette question. Des difficultés sans nombre entourent le problème; plusieurs ont déjà été surmontées, mais il en reste encore beaucoup qui invitent les physiologistes à s'entendre et à réunir leurs communs efforts pour les résoudre. Quoi qu'il en soit, et alors même que l'absorption par la peau ne devrait pas être démontrée, il nous reste un fait bien certain qu'on ne pourra nier: c'est la vertu manifeste des bains et leur puissance thérapeutique.

Les expérimentations confirmatives de l'absorption par la peau dans le bain sont les suivantes, elles ont pour objet:

1° Augmentation du poids du corps dans le bain (Valentin, Berthold, Alfter, Willemin).

2° Augmentation de la sécrétion urinaire après le bain [1] (L. Lehmann, Merbach).

[1] Merbach attribue cette hypersécrétion des urines qui suit le bain à un fonctionnement plus actif de l'appareil rénal déterminé par la suspension de la transpiration cutanée pendant le bain. L. Lehmann l'attribue à l'excitation du système nerveux cutané occasionnée par le bain.

3° Augmentation des éléments solides de l'urine après le bain et notamment de l'urée (L. Lehmann).

4° Diminution et cessation du sentiment de la soif pendant et après le bain[1].

5° Augmentation de la transpiration insensible à la suite des bains salins (Lehmann).

6° Apparition de l'iode dans les urines à la suite de bains iodés, pris dans des conditions telles que l'iode ne peut être respiré par les sujets en expérience (Waller).

Le pouvoir absorbant de la peau ne saurait être nié en ce qui concerne l'iode (Waller, Willemin, Rosenthal).

7° On peut constater, au moyen du fluide électrique, la présence du mercure dans les urines chez les personnes qui ont pris des bains de sublimé. On a même déjà vu la salivation apparaître chez celles qui ont fait pendant longtemps usage de ces bains (Waller).

8° L'absorption par la peau de l'acide carbonique est manifeste (Legallois, Hamburger, Kisch).

Expérimentations qui infirment l'absorption cutanée :

1° De la déperdition de poids du corps dans le bain (Kletzinsky, L. Lehmann).

2° La quantité de chlorures émise par les urines n'est pas proportionnelle à l'augmentation qu'éprouvent ces derniers à la suite du bain (L. Lehmann, Bencke).

3° Les sels calcaires ne se trouvent pas en plus grande quantité dans les urines à la suite du bain ; ce qui ne

[1] Falck explique la cessation de la soif après le bain par l'augmentation de la sécrétion salivaire, ainsi que par le contact de la vapeur d'eau avec les extrémités périphériques des nerfs de l'arrière-gorge.

manquerait pas d'arriver si l'eau du bain absorbée par la peau était la cause de la diurèse plus abondante qu'on observe (L. Lehmann).

4° Les garde-robes ne sont pas plus liquides avant qu'après le bain (Falck).

La seconde manière d'expliquer le mode d'action des eaux salines consiste à l'attribuer à l'influence directe que les eaux peuvent avoir sur la peau.

Les extrémités périphériques des nerfs situés dans le tégument externe sont le siége d'irritations diverses, suivant l'impression elle-même que la composition des eaux salines détermine sur elles. La température de l'eau du bain, surtout quand elle est un peu élevée, par son action sur l'épiderme, qu'elle débarrasse des cellules épithéliales momifiées, met la peau bien à même de ressentir cette irritation. Partie de la périphérie, cette excitation va gagner la moelle épinière et le cerveau, pour de là se distribuer aux différents organes, activer leurs sécrétions et imprimer une puissance plus grande aux vaisseaux et aux nerfs, et par leur intermédiaire à la circulation, ainsi qu'à la nutrition générale des tissus.

N'importe l'espèce de bain, tous ont la propriété d'exciter la peau et d'activer la génération élémentaire des tissus. Dans les bains d'eau douce, peu minéralisée, où l'irritation cutanée ne saurait être produite par les sels minéraux, qui y sont en trop petite quantité, c'est la chaleur qui la détermine.

Mais cette manière toute mécanique d'expliquer le mode d'action des eaux ne peut nous satisfaire entièrement; car pour ceux qui n'admettent pas l'absorption cutanée, il doit être indifférent de se baigner dans une eau saline sulfureuse ou ferrugineuse; l'excitation dépendrait de la chaleur seule du bain et non de la nature de sa composition chimique. Le médecin des eaux, alors sans guide aucun, serait obligé de traiter indistinctement par les mêmes eaux tous les cas qui se présenteraient à lui. Mais il n'en est pas ainsi : la limite d'action des eaux est restreinte; la nature y a mis des bornes qu'on ne peut franchir sans danger. Dans les cas où nous sommes assez heureux pour voir nos eaux réussir, nous ne pouvons, d'une manière certaine, attribuer la guérison, ni aux eaux prises en boisson, ni aux bains exclusivement. L'impossibilité dans laquelle nous nous trouvons de nous prononcer catégoriquement à cet égard est une présomption encore en faveur de l'absorption cutanée.

Et maintenant que faire? Irons-nous au hasard, en attendant que la nature veuille bien nous dévoiler ses secrets et nous éclairer sur le mode d'action spécial à chaque eau minérale?

Une considération générale sur les sources minérales et sur les vertus particulières à chacune d'elles fera cesser nos incertitudes relativement à leurs actions restreintes. Nous voyons tous les jours, soit par une erreur de diagnostic, soit par une autre raison, des personnes affectées de maladies les plus diverses être envoyées dans les bains indifférents et d'une minéralisation quelquefois fort douteuse et en revenir guéries contre toute attente.

Nous en conclurons que la composition chimique des eaux ne constitue pas seule leur puissance et que des circonstances qu'on estime secondaires et accessoires doivent avoir aussi une grande part dans ces heureux résultats. Au nombre de celles-ci se trouve évidemment le genre de vie calme et paisible que mènent les malades dans les stations balnéaires.

Nous résumerons donc notre opinion en ces quelques mots : le séjour dans une contrée pittoresque, le changement d'air, l'absence d'occupations pénibles, qui permettent aux malades éloignés de leurs affaires de goûter le repos de l'esprit et du corps au milieu de personnes dont la société est agréable et qui ont comme eux le même but, celui d'arriver à une guérison rapide de leurs maux ; les distractions et les plaisirs qu'ils peuvent se procurer sont autant de conditions favorables pour le rétablissement de la santé. Qui ne connaît l'influence heureuse qu'éprouvent les malades dans leur état de santé à la suite d'un simple petit voyage ? A plus forte raison que ne doit-on augurer de bien et de salutaire quand toutes ces conditions se trouvent réunies dans un bain comme Kreuznach, où la tranquillité et le bien-être se sont donné rendez-vous ?

D. Des indications des sources salines de Kreuznach.

D'après ce que nous venons de voir, nos eaux salines sont surtout curatives dans deux circonstances bien déterminées, quand il s'agit par exemple de faire fondre ou résorber des produits d'exsudation, ou bien de ramener à leur état physiologique, le développement et la formation des tissus.

Exsudations, infiltrations et hypertrophies.

Affections dans lesquelles l'action résorbante des eaux salines est mise en jeu, et où l'on voit des lésions locales guéries et les tissus revenir à leur état normal.

1° LA SCROFULE.

Kreuznach, en raison des services signalés que ses eaux ont rendus dans ces affections, a pleinement mérité le titre de spécifique, qu'on lui a décerné, contre cette maladie. En examinant de plus près la nature du mal, nous verrons se dérouler devant nous les diverses formes qu'il peut revêtir et les différentes parties du corps humain qu'il peut affecter.

La cause essentielle de la scrofule consiste dans un travail vicieux de digestion et d'alimentation, ainsi que dans des troubles d'autres organes qui concourent à l'hématopoïèse. De cette perversion des forces nutritives résultent dans diverses parties du corps, notamment dans le système lymphatique, dans le tégument externe, les muqueuses, les articulations et les os, des inflammations et des tumeurs que leur tenacité et la longue durée qu'elles mettent à guérir caractérisent parfaitement. Longtemps avant même que la scrofule se soit localisée, on peut en lire le diagnostic sur l'habitus et la physionomie des malades. Elle se présente sous deux aspects bien distincts.

En effet, tantôt on voit cette nutrition anormale être suivie d'une exagération dans la formation des tissus et surtout de la graisse, qui s'accumule alors dans certaines parties privilégiées, comme dans la lèvre supérieure et le nez; tantôt c'est tout le contraire, et cette irritation des tissus n'aboutit qu'à la maigreur : le pannicule graisseux des muscles et de la peau cesse de se développer. (Niemeyer). Dans cette évolution morbide, nous distinguerons donc deux habitus, deux formes bien différentes de cette même maladie : la forme torpide et la forme à évolution luxuriante.

Dans la première, nous trouvons l'intelligence paresseuse, les traits grossiers, les formes épaisses, les lèvres et les ailes du nez grosses, les os temporaux saillants, donnant à la tête une forme carrée, le ventre gros et les glandes du cou gonflées.

Dans la seconde, tout au contraire, un esprit éveillé, des traits fins et délicats, des yeux pleins d'expression, des joues et des lèvres rouge vermeille, une peau d'une blancheur éclatante, parcourue de lignes bleues et roses suivant le cours des veines et des artères, des cheveux fins, blonds, la musculature légère et gracieuse, les formes délicates.

La scrofule, comme la tuberculose et toutes les maladies qui entachent la constitution, est héréditaire. L'âge avancé des parents est une condition favorable à la production de la scrofule congénitale. Mais la scrofule n'est pas toujours le fruit de l'hérédité, elle peut être aussi acquise et cela tout aussi fréquemment. Les conditions qui favorisent son développement sont, chez des enfants délicats, une nourriture trop grossière, mal appropriée à leurs fonctions digestives, trop peu nourrissante, le peu d'exercice, de mauvais traitements, la malpropreté, le séjour enfin dans des habitations humides et mal éclairées. La scrofule est une maladie de l'enfance, elle peut cependant se développer à un âge plus avancé, quand les circonstances qui peuvent lui donner naissance se trouvent réunies en grand nombre.

Elle se localise tout d'abord dans les glandes lymphatiques; je n'en veux d'autre preuve que cette expression banale qu'on répète sans cesse : « cet enfant a des glandes. » Celles-ci se gonflent et ce n'est pas seulement à la superficie du corps qu'on les remarque, au cou, aux régions parotidienne, maxillaire, aux articulations, aux aines, aux aisselles, on les rencontre surtout, dans la profondeur, dans les régions médiastines, à la racine des bronches, dans le mésentère et autour des intestins. Ces grosseurs se distinguent des hypertrophies de mauvaise nature, par leurs surfaces lisses. On ne les confondera par non plus avec ces chapelets de glandes, que nous voyons se développer quelquefois le long du cou pendant la dentition, ou avec ces autres tumeurs glandulaires qui accompagnent toujours les éruptions de la tête et de la figure chez les jeunes enfants. Ces tumeurs sont toujours la conséquence d'érosions à la peau. Chez le scrofuleux, la cause de ces tuméfactions de glandes est bien plus intime. Souvent j'ai vu, à la suite d'une simple coupure faite à un doigt, une forte inflammation gagner, le long des vaisseaux lymphatiques, les glandes de l'aisselle, et celles-ci devenir le siége d'un gonflement énorme.

La terminaison des gonflements glandulaires se fait tantôt par la résolution de la grosseur et le retour à l'état normal des parties, tantôt par suppuration et issue du pus au dehors. Le tissu cellulaire dans ce dernier cas peut participer à l'inflammation et adhérer à la cicatrice; de là ces formes variables de cicatrices d'ulcères scrofuleux qui sont en général à contour irrégulier, à bords déchiquetés, d'une couleur rouge violacée et dont la circonférence marque assez bien la place et l'étendue des glandes envahies. Ces cicatrices sont presque toujours indélébiles.

Lorsque le pus ne parvient pas à se faire jour au dehors, il se métamorphose sur place, il subit généralement une transformation caséeuse, se dessèche, au point de figurer une masse calcaire qui, par son séjour prolongé dans les tissus, les corrode et finit par produire à son tour aussi un abcès, qui s'ouvre à l'extérieur. Si on laisse le mal progresser sans lui opposer de traitement, les glandes profondes, bronchiques et mésentériques peuvent se prendre. La pression des glandes bronchiques sur les canaux aériens peut déterminer des accès d'asthme et même, par la longue persistance de ceux-ci, des inflammations chroniques et un catarrhe bronchique permanent. On est étonné quelquefois de voir la grande quantité de muco-pus que certains malades peuvent expectorer le matin surtout en s'éveillant, et l'on serait presque tenté de croire à une vomique qui se vide, si l'auscultation ne venait vous mettre en garde contre pareille erreur. On est bien en peine dans ces cas de rassurer le malade ainsi que son entourage et de faire cesser les poignantes inquiétudes auquel il est en proie.

Dans le ventre, ces glandes que l'on peut sentir au travers des parois abdominales et qui donnent la sensation, à la main qui les palpe, de masses pelotonnées, sont aussi la cause de ces coliques intestinales continuelles qui se terminent ou s'accompagnent souvent de catarrhe intestinal. Le ventre se ballonne fortement sous la pression des intestins, trop faibles, trop mal nourris pour résister aux gaz intestinaux. A la suite du catarrhe intestinal, comme du catarrhe bronchique, la consomption peut survenir, et avec elle la fièvre hectique et les hydropisies consécutives.

Les affections scrofuleuses de la peau sont aussi tantôt des abcès, des ulcères, qui peuvent s'accompagner de gonflements glandulaires, d'inflammations, de suppuration, tantôt des exanthèmes. Dans le jeune âge (comme nous le verrons à la p. 112 et suiv.), les exanthèmes peuvent revêtir les formes les plus variées. Les éruptions de la face et de la tête sont les plus fréquentes. Le lupus ne se montre que plus tard, il est une des formes les plus chroniques de cette affection.

Quand la maladie se jette sur les membranes muqueuses, il en résulte des affections variables suivant le siége de l'organe envahi. Aux yeux, les paupières et les appareils accessoires, tel que l'appareil lacrymal, peuvent entrer en souffrance, et il s'ensuit une hypersécrétion des larmes, quelquefois même avec accompagnement de pus. La conjonctive est rarement seule enflammée; en même temps, l'inflammation gagne les glandes de Meibomius, les bords ciliaires, et même la cornée transparente, sur laquelle on voit alors poindre des phlyctènes et des abcès qui laissent longtemps encore après eux des taies opaques. Une grande ténacité et une grande tendance aux récidives constituent un des caractères les mieux marqués des inflammations scrofuleuses des yeux.

Aux oreilles nous trouvons l'otorrhée et quelquefois, quand celle-ci se prolonge, la carie du rocher; au nez, le coryza et la perte de l'odorat bien souvent; ce sont autant d'affections sous la dépendance de la scrofule; enfin le gonflement des amygdales, le catarrhe de la trompe d'Eustache, du pharynx, du larynx et des bronches, et en descendant les flux diarrhéiques chroniques, et chez la femme les flueurs blanches complètent le tableau des affections des muqueuses.

Dans les articulations, les inflammations de nature scrofuleuse passent rarement par la période aiguë; elles s'établissent généralement d'emblée avec la forme chronique qui les fait reconnaître immédiatement. C'est ce qui explique comment la membrane synoviale peût être prise sans provoquer de douleur ni les autres symptômes des inflammations aiguës. L'hydropisie de la capsule seule est alors l'indice de son inflammation. En dehors de la synoviale, l'inflammation peut gagner la peau, le tissu cellulaire environnant, les bourses muqueuses, les ligaments, les cartilages et s'étendre même jusqu'aux extrémités spongieuses des os, et ainsi être le point de départ d'une ostéite de tout le membre.

Ce travail inflammatoire peut rétrocéder, mais il peut aussi se prolonger, arriver à suppuration et celle-ci se faire jour au dehors. Les ligaments, le tissu cellulaire, les aponévroses restent augmentés de volume dans les cas les plus heureux et les mouvements perdent de leur liberté. Le plus souvent l'intensité de l'inflammation gagne en étendue et les caries osseuses lui succèdent. On voit surtout cette terminaison funeste survenir aux extrémités spongieuses des os, aux épiphyses, aux corps des vertèbres, aux os courts des pieds et des mains. Il est encore heureux quand, dans ces cas, des fistules s'établissent, et que les os rongés par la carie s'ankylosent entre eux, parce que c'est un signe que l'inflammation ne progresse plus; mais il en résulte des déformations et des contractures permanentes des membres.

Tous ces symptômes ne se trouvent généralement pas réunis sur le même individu en même temps. Un scrofuleux, pour être scrofuleux, n'a pas besoin de les présenter tous. Mais on remarque que longtemps encore après la guérison, les parties envahies gardent une faiblesse marquée et une sensibilité très-grande aux causes morbifiques, ce qui fait que les récidives du mal, aux parties primitivement affectées, sont fréquentes.

Les vertus des eaux salines sont manifestes dans cette maladie, au point que l'on peut dire que la scrofule est leur véritable triomphe; les lésions locales ne sont pas seules modifiées par elles, la constitution elle-même en est raffermie. L'habitus des malades change alors promptement et leur physionomie générale reprend le caractère sinon de la beauté parfaite, au moins de la santé.

Le régime doit aussi intervenir et contribuer à consolider les effets du traitement. Il faut toujours se rappeler que la cause essentielle de la scrofule est un vice de nutrition, et que si les aliments grossiers chez les pauvres peuvent la déterminer, la surabondance de nourriture chez les riches en est bien capable aussi. L'on ne perdra pas de vue non plus les deux formes de la scrofule, car à chacune d'elles répondent des indications différentes. Tout le secret des cures est l'appropriation du régime et des eaux aux cas particuliers qui se présentent ; elle réclame la plus religieuse attention de la part du médecin.

Dans la forme torpide, qui, comme son nom l'indique, demande des moyens propres à relever la constitution, il faudra une action puissante, une large application de nos eaux aidées d'un régime suffisant et substantiel. On ordonnera, au début, de la viande une fois par jour pour ne pas contrarier l'effet des eaux par une trop grande quantité de substances nutritives.

Dans la forme éréthique, celle dans laquelle l'hypersécrétion des tissus arrive à un degré très-élevé, il faut compenser par un régime nourrissant les déperditions considérables de l'économie : ici matin et soir de la viande. On prescrira par jour une petite quantité seulement d'eau en boisson et les bains seront de courte durée; l'on n'y ajoutera pas d'eaux mères. Avec ce régime, les métamorphoses cellulaires vicieuses diminueront d'intensité; et petit à petit, après un usage continu de nos eaux, la guérison s'établira solidement, car elle sera précédée du rétablissement des fonctions digestives et de la nutrition générale.

Un mot encore sur la diarrhée chronique. Il faut compter, pour la guérir, bien plus sur l'usage externe de nos eaux que sur leur emploi à l'intérieur, qui ne ferait qu'exagérer le mal. Une fois que l'organisme délabré aura été remonté, au moyen de bon vieux vin, de bonne bière, de viande crue de bœuf, d'œufs, et que par l'usage des bains on s'apercevra aux digestions que l'estomac et les intestins se fortifient, on pourra tenter de faire boire nos eaux au malade; même alors il sera bon de débuter par lui faire boire quelque temps une eau minérale ferrugineuse. Pour atteindre plus vite à la guérison, on pourra pendant ce traitement essayer de quelques lavements, tièdes d'abord, puis froids. On commencera par des lavements laiteux, amylacés, avec addition de quelques gouttes de laudanum; plus tard, si le cas l'exige, on donnera le nitrate d'argent en solution à doses successivement croissantes. Enfin ce seront encore nos eaux qu'on emploiera en injections anales.

L'*application localisée* de nos eaux salines sera encore favorable dans les cas d'ulcères et d'abcès de la gorge, dans le catarrhe pharyngien, et les amygdalites chroniques, en inhalations et en injections vaginales et nasales dans les coryzas et les flueurs blanches, en douches et en bains dans certaines maladies des yeux; on les prescrira pures ou additionnées d'eaux mères.

Dans les inflammations chroniques de la synoviale des articulations, traitées par la méthode de compression ou par le fer rouge, on aura toujours recours en dernier lieu aux bains de Kreuznach, qui compléteront le traitement et préviendront les récidives. Le même succès suivra l'emploi de nos eaux alors que les parties voisines de l'articulation auront été prises d'inflammation ou de gonflement, à la condition toutefois que le degré n'en aura pas été extrême et que la mobilité du membre n'aura pas été trop compromise.

Dans les cas où le membre se sera ankylosé, qu'il aura pris une position vicieuse par suite de contractures musculaires, nul doute que les eaux de Kreuznach seront impuissantes à le redresser et à lui rendre sa mobilité. L'intervention du chirurgien deviendra alors indispensable, et ce ne sera qu'après elle qu'on pourra songer, au moyen de nos sources, à maintenir et même à parfaire ce que le traitement chirurgical aura commencé. Qu'il me soit permis à cette occasion de citer une observation.

Ankylose des deux genoux en flexion; redressement forcé des membres fléchis. Guérison, avec retour des mouvements articulaires à la suite de l'emploi des eaux salines de Kreuznach [1].

Anamnestiques. Louise Leiendecker, âgée de quinze ans et demi, est née à Spabruck, village situé aux environs de Kreuznach. Ses parents, d'une extrême pauvreté, ont jusqu'ici joui d'une santé parfaite. La malade, dans les premières années de son existence, s'est toujours bien portée. A l'âge de huit ans, pendant un mois de mars très-froid, elle alla à l'église au sortir d'une chambre chaude et y était depuis environ une heure à genoux, lorsqu'elle se trouva mal et tomba en syncope. Revenue à elle, on la porta chez ses parents toute tremblotante et transie par le froid; là elle fut prise de contractures si fortes que ses parents craignirent un instant pour sa vie. Au bout de deux heures cependant tout danger avait disparu, les contractures cessèrent et la malade parut se remettre complétement. Mais le lendemain matin elle se plaignit de douleurs dans les deux genoux; une inflammation avait envahi les deux articulations, et sur son corps on remarqua, ici isolées, là

[1] Dessins d'après photographie.

réunies, des pustules de dimensions inégales. Elles se montrèrent spécialement agglomérées à la région sacrée et près des deux trochanters. A ces trois endroits il se forma bientôt trois gros abcès, qui s'ouvrirent et laissèrent plus tard un vaste champ ouvert à la suppuration.

Fig. 3.

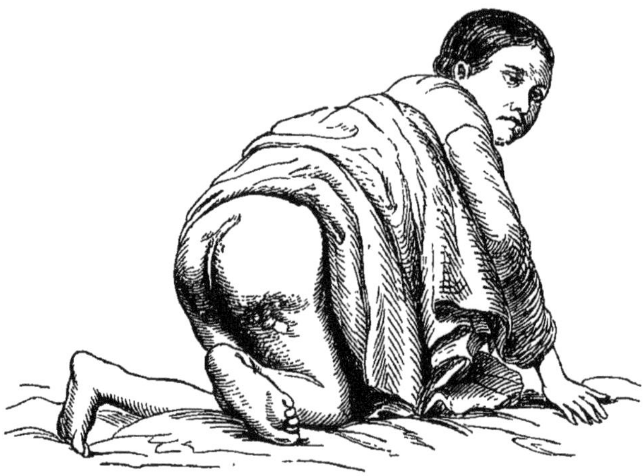

Le médecin qui vit le premier cette jeune fille la mit à l'huile de foie de morue et la fit panser avec de la charpie simple. La jeune fille arriva à l'âge de quatorze ans et les ulcères n'étaient pas encore guéris, ils laissaient encore écouler une grande quantité de pus.

Pendant ces six années, passées continuellement au lit, cette jeune fille fut en proie à des douleurs très-intenses, et peu à peu ses extrémités inférieures se contracturèrent, les jambes se fléchirent sur les cuisses et s'ankylosèrent dans cette position.

A quinze ans et demi, quand j'eus l'occasion de voir la malade, la suppuration s'était tarie, les ulcères étaient cicatrisés; elle ne souffrait plus, mais la position vicieuse qu'avaient prise ses membres la rendaient inconsolable, parce qu'elle la condamnait à une inertie de mouvements complète. Son unique désir était de redevenir droite afin de pouvoir marcher de nouveau.

État actuel. La malade est d'une taille moyenne, son teint est pâle. Relativement à son âge, elle est peu développée, moins cependant de la partie inférieure du corps que de la partie supérieure. Cheveux tenus, clairs et peu abondants, ailes du nez épaisses, lèvre supérieure large : tous symptômes de cette forme de scrofule que nous avons appelée *torpide*, reconnaissant pour causes un manque de nourriture et un vice dans la qualité des aliments.

Les poumons et le cœur fonctionnent régulièrement. L'appétit, le sommeil, les selles ne laissent rien à désirer. Elle n'est pas encore réglée.

Les extrémités inférieures, en raison de la longue inactivité à laquelle elles sont restées soumises, sont atrophiées, surtout les mollets, qui restent inamovibles dans leur position. Le long du sacrum et sur les deux fesses au-dessus des régions trochantériennes, on voit de profondes cicatrices, d'une coloration rouge intense, indices d'un travail antérieur de suppuration très-abondant. On retrouve encore sur les genoux des cicatrices d'assez grandes dimensions; plus bas sur les jambes on en voit aussi, mais plus petites, ce sont les traces d'une pustulation qui fut assez étendue.

L'articulation des genoux n'est pas complétement immobile, on peut encore un peu mouvoir les jambes sur les cuisses. Au genou droit la rotule est déviée en dehors et en bas; l'extrémité supérieure du tibia est aussi portée en arrière, de sorte que la jambe se trouve être en subluxation en arrière. Le condyle interne du fémur est aussi plus fortement augmenté de volume (voy. fig. 4).

Fig. 4.

Le genou gauche n'est pas déformé.

Les genoux sont recouverts d'un tissu endurci, épais et comme corné.

Ces callosités proviennent du mode d'ambulation sur mains et sur genoux auquel la malade est restée condamnée. Il y en a encore une sur le bord interne du pied droit, dont on s'explique la formation de la manière suivante : la malade couchée sur le côté gauche se servait en effet du bord interne de ce pied droit pour se pousser en avant. Ce pied est en outre porté en dehors et figure à un certain degré un pied plat. Sous ces callosités existent des fistules, qui suintent du pus depuis assez longtemps.

Opération. On jugera combien la méthode de Langenbeck, dite du *brisement forcé*, est avantageuse, en songeant au service qu'elle rendit à cette jeune fille qui, depuis huit ans, rampait sur le sol, glissant sur les genoux et les mains, et manquait d'instruction, parce qu'elle ne pouvait aller à l'école ni se payer des maîtres à domicile. Par cette opération, en effet, tout ce dont cette fille avait été privée dès son enfance lui a été rendu : mouvements, instruction, santé.

Elle quitte la maison paternelle et vient à Kreuznach se soumettre à un régime fortifiant et à des soins hygiéniques bien entendus, le 18 avril 1859. Le 1er juin on procède à l'opération de l'extrémité pelvienne gauche. Après l'avoir chloroformisée, on la couche sur le ventre de façon que le genou gauche vienne au bord de la table, afin que l'opérateur, sans aucune gène, puisse rabaisser la jambe. On fait maintenir et fixer par deux aides le bassin et la cuisse, un troisième soutient le genou dans le creux de la main. L'opérateur saisit alors la jambe et lui fait exécuter des mouvements mesurés d'abaissement autour de l'articulation fémoro-tibiale comme pivot. Après quelques mouvements d'extension forcée, on fait subir de nouveau à la jambe des mouvements de flexion jusqu'à ce que le membre ait acquis son degré de rectitude normal. Cela fait, on retourne la malade sur le dos et on entoure son membre depuis le pied jusqu'à la moitié de la cuisse d'un appareil plâtré. Aucun autre mode de traitement n'est supérieur à l'appareil inamovible (ni hydrothérapie, application de glace, sangsues, onguent mercuriel etc.), aucun de ces moyens ne saurait mieux que l'appareil plâtré maîtriser le mouvement de réaction qui suit le brisement forcé ; outre la propriété qu'il a comme agent de compression de s'opposer à l'inflammation, il favorise aussi la résorption des extravasats sanguins, qui sont inévitables pendant l'opération, et en empêche de nouveaux de se produire. Le seul reproche qu'on puisse lui adresser est celui de laisser se former de nouvelles adhérences en raison de la longue durée de l'immobilisation à laquelle il assujettit le membre. Mais on remédie par la pratique à cet inconvénient, et l'on parvient, au moyen de la machine à extension, à déterminer de légères petites flexions, auxquelles le relâchement de l'appareil plâtré ne s'oppose pas.

Le 2 juin, elle a peu dormi, fièvre médiocre, douleur dans le genou peu considérable; régime antiphlogistique.

Le 3, nuit meilleure, douleur du genou presque disparue.

Le 4, la malade semble déjà fortifiée par le repos de la nuit, elle est très-gaie, la douleur du genou a entièrement disparu.

Le 5 et le 6, bon état.

Le 8, on enlève l'appareil plâtré et l'on retrouve sur la rotule un extravasat sanguin de moyenne grandeur; l'épiderme se détache au pourtour dans une petite étendue.

La machine à extension avait été si bien appliquée que même ce petit angle que faisait le membre lorsque la malade sortit du sommeil chloroformique, avait entièrement disparu; la jambe était droite sur la cuisse.

Ce résultat si brillant et obtenu au bout de si peu de temps, nous engagea à tenter la même opération sur l'autre extrémité : ce que nous nous mîmes à entreprendre dès notre retour, le 4 août.

A cette date, la malade se trouvait toujours dans de très-bonnes conditions ; la jambe gauche étendue était droite sur la cuisse, la petite plaie de la rotule était cicatrisée et l'extravasat sanguin résorbé. Les mouvements étaient revenus dans l'articulation, les mouvements passifs étaient complétement libres, les mouvements actifs encore un peu bridés.

Le 11, on redresse l'extrémité droite de la même façon qu'on l'avait fait pour l'extrémité gauche. Ici seulement, comme l'angle de flexion du membre était très-saillant, je n'espérais pas en une fois arriver au redressement complet. Il ne s'en fallait cependant que de quelques centimètres pour que l'extension fût complète. Pour la compléter, nous comptions sur la machine à extension, et, s'il le fallait, nous devions revenir à une nouvelle séance de redressement. Un appareil plâtré fut appliqué. La réaction fut nulle, et la malade, le troisième jour déjà, pouvait mouvoir ses orteils sans ressentir aucune espèce de douleur.

Le 20, on enleva l'appareil, et la machine à extension fut mise en place de façon que la jambe et la cuisse soient sur la même ligne droite.

Le 23, appelé de bonne heure auprès de la malade, je la trouvai se plaignant de vives douleurs dans le genou.

Toute l'extrémité pelvienne était gonflée; je fis enlever la machine et mettre le membre à l'abri de toute pression. Huit jours plus tard, le gonflement et la douleur avaient complétement cessé et l'on put réappliquer la machine à extension. L'on procéda avec prudence; d'abord on ne la laissa appliquée que pendant un temps très-court, plus tard quelques heures par jour jusqu'à ce qu'on n'eût plus aucun risque à courir.

Le 24 septembre, les choses allaient si bien que j'essayai, les machines à extension en place des deux côtés, de mettre la malade debout sur le sol et de lui faire faire quelques pas en la faisant se soutenir sur des béquilles.

Le résultat fut très-heureux, beaucoup plus qu'on ne devait l'espérer, en songeant à l'atrophie presque complète des masses musculaires du membre et à ce que pendant de longues années les pieds avaient cessé de ressentir l'impression du sol.

Quand la malade commença à marcher, on lui recommanda de se servir plus de l'extrémité droite que de l'extrémité gauche, parce que la tendance au renversement du pied droit en dehors était moins prononcée que celle du pied gauche. On lui fit faire à cet effet, pour redresser le pied, une machine composée d'un soulier avec deux montants en acier, l'un externe, l'autre interne. Ces deux montants atteignent la hauteur du mollet et sont fixés à un bas lacé, ils portent une charnière. Au pied gauche on mit un appareil semblable, parce que l'on s'était aperçu que la faiblesse des ligaments laissait aussi ce pied dévier en dehors. En marchant, elle appuyait toujours sur le sol avec le bord interne du pied. Grâce à ces appareils et à des frictions fortifiantes, alcooliques, ces déviations se redressèrent; les muscles des cuisses, par l'exercice continu de la marche, reprirent et leur puissance et leur volume; on fut même obligé de renouveler les courroies des machines à extension, parce que les anciennes ne parvenaient plus à entourer les cuisses. Les jambes ne se fortifièrent pas aussi rapidement, et cependant c'eût été à désirer à cause de la tendance manifeste aux pieds-bots.

Le 27 janvier 1860, la malade rentra chez elle. A force de persévérance, elle était parvenue en dernier lieu à pouvoir circuler dans la maison au moyen de deux béquilles. Elle pouvait se tenir debout sans leur secours, mais aidée toujours des bottines; les mouvements passifs des articulations fémoro-tibiales étaient complets, les mouvements actifs seuls étaient encore limités.

Du côté droit, où nous avions remarqué une subluxation en arrière de la jambe et une hypertrophie du condyle interne du fémur, le genou est toujours encore proéminent, il est coudé comme le manche d'une canne. la rotule est toujours luxée, quoique moins qu'auparavant. Du côté gauche le genou est normal, et on peut prédire d'avance que la malade pourra s'en servir sans le secours de béquilles ni d'appareils. Nous n'oserions porter le même pronostic sur l'autre extrémité.

La fig. 5 montre la malade après trois saisons faites à Kreuznach, pendant lesquelles elle a pris les eaux salines en bains et en boissons. A la suite de ces trois saisons, elle peut maintenant se tenir debout sans machines et sans béquilles. Les fistules qui siégeaient au pied droit se sont fermées, et les progrès qu'elle fait en marchant, sans doute encore avec deux béquilles, sont tellement prononcés qu'elle peut déjà se rendre utile. Elle peut faire une lieue à pied sans s'arrêter; mais elle met deux fois plus de temps qu'une personne bien conformée pour faire ce trajet, et cela la fatigue beaucoup, ce qui n'est pas étonnant après huit ans d'immobilité. Elle a quitté enfin l'appareil à extension qui maintenait son extrémité gauche et elle peut maintenant marcher sans son aide.

Fig. 5.

Ce résultat doit satisfaire quand on pense que cette jeune fille, réduite à une pauvreté extrême, n'avait jamais mangé autre chose que des pommes de terre et bu du café; elle pleura la première fois qu'on la força à manger de la viande. Ce régime, aidé de plusieurs cures de un mois de durée chacune, l'a produit. Malheureusement, après avoir passé un mois auprès de nous, il lui en restait onze autres bien tristes à passer chez elle, circonstance très-défavorable pour consolider sa guérison.

Combien plus éclatant eût été le résultat de ce traitement, si la malade eût été environnée de tous ces soins hygiéniques que les riches seuls peuvent se donner !

2° RACHITISME (MALADIE ANGLAISE).

Le rachitisme est presque toujours une maladie de l'enfance. Il consiste en une altération de la nutrition générale, dont les effets retentissent particulièrement sur le système osseux en déterminant un arrêt de l'ossification. Aussi peut-on considérer les gonflements rachitiques comme un résultat de l'hypertrophie des os, entretenue par une congestion permanente de ces mêmes organes. C'est dans cette congestion chronique que quelques auteurs ont voulu trouver la nature essentielle de la maladie. Ils prétendent, en effet, que le rachitisme a sa source dans un état inflammatoire (du périoste et des cartilages) différant, à un certain degré, de l'inflammation véritable, et amenant avec lui une circulation anormale, qui empêcherait dans ces parties le dépôt des sels calcaires. D'autres l'attribuent tout simplement à l'absence de ces mêmes sels calcaires. Et sous ce rapport il est bien difficile de se prononcer sur la manière d'agir des eaux salines. Est-ce en effet au carbonate de chaux absorbé avec elles que l'on doit la guérison, ou au sel marin, dont l'action tonifiante sur l'économie entière rétablirait du même coup les fonctions nutritives normales du système osseux? La conformation du cartilage deviendrait meilleure et comme conséquence l'ossification reprendrait sa marche naturelle et des os normaux se formeraient. La grande quantité de chlorure de sodium que les os du fœtus, encore à l'état cartilagineux, renferment, disparaît au fur et à mesure que le travail de l'ossification s'établit; d'où l'on pourrait conclure qu'une partie du moins de ce chlorure de sodium sert à la constitution des os. Ne pourrait-on pas induire de là que le rachitisme provient d'un manque primitif de sels sodiques dans ces cartilages mêmes, impuissants par ce fait de coopérer au travail normal de l'ossification. S'il en était ainsi, il s'agirait de rechercher si l'action bienfaisante de nos sources consiste bien à enrichir les cartilages de sels sodiques. En tout état de cause on peut dire que le sel marin joue un grand rôle et dans la formation des cartilages et dans l'évolution de ceux-ci vers l'ossification complète. C'est ce qui nous explique la grande richesse de sels sodiques que nous rencontrons dans tous les tissus cartilagineux et dans les os de nouvelle formation. En ce sens l'expression dont s'est servi Moleschott[1], est pleine de vérité quand il dit, en parlant de la formation des cartilages, que celle-ci est impossible sans sels sodiques et que sous ce rapport on peut dire sel sodique comme synonyme de sel des cartilages.

Le rachitisme étant une maladie d'appauvrissement, un régime substantiel devra seconder l'action des eaux salines. On prescrira en conséquence une alimentation composée de substances riches en azote, de la viande

[1] Moleschott, *Der Kreislauf des Lebens.*

fraîche, crue s'il est possible, ou légèrement rôtie, un jaune d'œuf dans du lait chaud, non bouilli et des boissons toniques, du café, de la bière et du bon vieux vin.

Il est possible en s'y prenant à temps, et en ayant recours concurremment avec nos eaux, à un régime tel que nous venons de l'indiquer, ainsi qu'à l'emploi de l'huile de foie de morue, d'arrêter le cours de la maladie et de prévenir même ses suites fâcheuses. Au nombre de ces dernières il n'est besoin que de rappeler pour mémoire les incurvations costales, les déformations de la poitrine, la proéminence du sternum (*fœtus carinotum s. gallinaceum*), les difformités des extrémités du bassin et de la colonne vertébrale, connues sous les noms de *scoliosis*, *kyphosis* et *lordosis*.

3° HYPERTROPHIES EN GÉNÉRAL.

L'hypertrophie essentielle consiste en une multiplication rapide des éléments normaux des tissus; elle ne comporte par conséquent pas une altération de structure dans l'organe où elle siége. Les inflammations chroniques laissent souvent à leur suite une augmentation de volume, qui n'est autre chose qu'une hypertrophie, quoiqu'il soit difficile de dire si cette augmentation de volume est due à un exsudat passif, reliquat de l'inflammation, ou si elle est la conséquence d'un travail d'organisation nouvelle auquel l'inflammation a donné lieu. Aussi a-t-on confondu et décrit, sous le nom d'*hypertrophie*, des développements anormaux des tissus, dus à des amas d'exsudats, et même des tissus de nouvelle formation.

a) *Hypertrophie des glandes salivaires.*

La glande parotide est le plus souvent le siége du mal ; bien plus rarement qu'elle, les glandes sublinguales et sous-maxillaires s'en trouvent atteintes ; aussi nous occuperons-nous spécialement d'elle dans cet alinéa. L'hypertrophie de cette glande résulte généralement soit d'une inflammation chronique de la bouche, d'une stomatite, soit d'une oblitération de ses canaux excréteurs. On a vu des indurations de la glande parotide arrivées à la suite d'angines parotidiennes (Mumps). On distinguera cette hypertrophie du cancer, du fungus ou du squirrhe, par sa mobilité et par l'absence de douleurs lancinantes, et de l'enchondrôme par sa dureté moins grande.

L'altération des traits, la tension de la face et surtout les obstacles que cette hypertrophie met aux mouvements de mastication font désirer souvent l'opération. Aussi le praticien consciencieux, qui connaît tous les dangers de cette opération : hémorrhagies, lésions nerveuses, paralysies faciales, appréciera-t-il avec bonheur l'effet de nos sources, qui parviennent à faire résorber ces tumeurs.

b) *Hypertrophie des amygdales.*

L'hypertrophie d'une ou des deux amygdales provient presque toujours d'inflammations aiguës (angines tonsillaires) souvent répétées, quelquefois d'hyperhémies ; très-rarement elle est congénitale. La luette et le voile du palais participent à cette augmentation de volume. Les inconvénients qui en résultent sont de plusieurs sortes. En raison de l'irritation fréquemment répetée des parties supérieures du larynx, la voix perd son harmonie. La parole se trouble, parce que les amygdales gonflées ne permettent qu'à des sons inarticulés de se produire.

Le mouvement de déglutition s'embarasse, l'ouïe même souffre de la proximité de ces tumeurs, en raison du voisinage de la trompe d'Eustache; enfin par leur volume excessif ces deux glandes, allant à la rencontre l'une de l'autre, peuvent boucher entièrement le pharynx et provoquer l'asphyxie. Ajoutons encore la sécrétion abondante de mucosités, qui provoque une toux et une expectoration fatigante, les concrétions calcaires, qui peuvent se déposer dans le parenchyme de ces glandes et devenir la source d'inflammations incessantes, et on pourra se convaincre que l'hypertrophie des amygdales est loin d'être sans danger.

Le moyen le plus sûr de se débarrasser de cette maladie est l'excision des amygdales. Les eaux de Kreuznach promettent cependant encore au malade pusillanime la guérison de son hypertrophie. Mais plusieurs saisons seront nécessaires si le mal est avancé.

c) *Hypertrophie de la glande thyroïde. — Goître.*
(Struma glandulosa. S sarcomatosa. S lymphatica.)

On entend par goître une tumeur siégeant à la partie antérieure et inférieure du cou, indolente et plus ou moins élastique. L'hypertrophie s'étend tantôt à un seul lobe, tantôt à la glande thyroïde tout entière.

Les scrofuleux y sont surtout prédisposés. On voit cette hypertrophie se développer endémiquement dans certaines contrées et notamment dans les pays montagneux. Lorsque le gonflement atteint de fortes dimensions, le larynx en est comprimé, la voix s'altère, devient rauque, la respiration et la déglutition s'embarrassent et cette gêne allant en augmentant peut amener l'asphyxie. En même temps des varices se développent au cou et sont un indice d'une gêne circulatoire ; le sang regorge dans les vaisseaux de la tête et peut y déterminer de la cyanose, des vertiges, des congestions et même des hémorrhagies cérébrales.

Nous comptons beaucoup, pour la guérison du goître, sur l'iode et surtout sur la grande quantité de brome que nos eaux renferment. J'ai appris à apprécier cette action étonnante de nos deux agents chimiques dans les goîtres, où l'hypertrophie des masses glandulaires constituait presque toute la tumeur ; et les résultats furent si heureux que j'en conclurai volontiers que nos eaux salines doivent aussi guérir d'autres espèces plus graves d'hypertrophie de la glande thyroïde. Les symptômes que nous avons indiqués faciliteront le diagnostic. Les kystes de la thyroïde sont plus mous, présentent de la fluctuation, de l'empâtement et sont transparents comme l'hydrocèle à la lumière. Les tumeurs anévrysmales qui proviennent de la dilatation des vaisseaux de la glande thyroïde offrent des battements et atteignent rapidement un très-grand volume ; les suites dangereuses de cet accroissement de volume ne tardent pas à se faire sentir ; nous les avons mentionnées plus haut. Les tumeurs cancéreuses, squirrhe ou *fongus hématode*, se reconnaissent à leur dureté, à leurs bosselures, à leurs fortes adhérences et aux douleurs lancinantes qu'elles provoquent.

d) *Hypertrophie de la prostate.*

Les causes de cette maladie sont généralement une inflammation antérieure du col de la vessie ou de la prostate, une gonorrhée de longue durée et négligée, un catarrhe de la vessie, une syphilis invétérée, souvent même un simple refroidissement. Chez les sujets d'un âge avancé, j'ai aussi constaté des hypertrophies de la prostate que l'on ne pouvait rapporter à aucune de ces causes.

L'hypertrophie occupe tantôt la glande en totalité, tantôt seulement un de ses lobes, et de préférence le lobe moyen, qui alors obture le col de la vessie à la façon d'une soupape (valvule vésico-uréthrale) et occasionne de la dysurie. Le malade éprouve sans cesse un mouvement de plénitude dans le ventre, les selles sont paresseuses. Une grande quantité de liqueur prostatique s'écoule de l'urèthre, tache le linge et fait naître à la longue des idées d'hypochondrie chez le malade, qui se croit atteint d'une blennorrhée chronique et, qui pis est, de pertes séminales. La vessie n'est pas longtemps sans participer au mal, le catarrhe de la vessie s'ensuit le plus souvent; à la dysurie peut succéder l'ischurie, et les dangers que le malade court ne vont qu'en augmentant. L'obstacle que le développement de cette tumeur peut mettre à la miction, est quelquefois tellement grand que les procédés ordinaires du cathétérisme restent impuissants. Il faut alors, pour sonder le malade, diriger, au moyen du doigt introduit dans le rectum, l'extrémité du cathéter et lui faire surmonter la tumeur.

L'usage interne et externe des eaux salines, et notamment les lavements froids le soir, conduisent dans ce cas aux meilleurs résultats. Au début on recommande au malade de garder ces lavements seulement un court espace de temps. Plus tard le malade s'y étant habitué, peut garder durant toute la nuit des quantités d'eau assez considérables. Celles-ci, par leur contact direct et prolongé avec les tissus hypertrophiés, réussissent à en déterminer la résolution. Dès les premiers jours, l'heureux effet s'en fait sentir, le malade va tous les matins à la selle. La défécation est facile et les selles dures sont remplacées par des selles molles.

Le catarrhe de la vessie vient-il à compliquer la maladie, ce qu'on reconnaîtra facilement aux mucosités et aux troubles laiteux de l'urine, ainsi qu'à une plus grande intensité des souffrances, nous le combattrons au moyen des injections vésicales. Le même moyen sera employé dans le cas où le cathétérisme fréquemment répété aurait amené du sang du canal de l'urèthre, car dans ces deux cas il existe une irritation inflammatoire soit de la muqueuse vésicale, soit plus profondément des tissus environnants la prostate.

Les substances que nous employons en injections sont le lait, l'émulsion d'amandes douces, la décoction de graine de lin, d'althéa, la décoction d'orge d'abord tiède plus tard froide; de ces substances douces mucilagineuses et même huileuses nous passons aux injections d'eau froide, pour en venir finalement à une solution légère de nitrate d'argent.

e) *Hypertrophie des testicules.*

C'est à la suite de l'orchite que l'on voit arriver l'hypertrophie du testicule. Au premier coup d'œil, la dureté et surtout l'état bosselé de la tumeur feraient songer à une dégénérescence cancéreuse. Mais l'absence de toute douleur lancinante et l'étiologie suffisent pour fixer le diagnostic. Quant à la sarcocèle syphilitique, sa présence est toujours liée à une syphilis constitutionnelle antérieure ou encore existante. L'hypertrophie syphilitique du testicule est en réalité une affection inflammatoire de cet organe, dont la marche peut parfaitement vous induire en erreur et que l'on peut prendre pour une hypertrophie simple.

f) *Hypertrophie des seins.*

Maladies chez la femme. Les glandes mammaires appartiennent, en raison de leur structure, à la classe des glandes en grappe. Les glandules isolées sont réunies entre elles par un tissu connectif, riche en graisse, et dans l'intervalle qui sépare ces acini se trouvent des coussinets graisseux fort épais qui s'étendent vers la peau. D'après cette structure on comprend que ces différents éléments, graisse, tissu cellulaire et glande, peuvent devenir, soit séparément, soit simultanément, le siége de l'hypertrophie. Celle-ci sera générale ou partielle, suivant que la totalité ou une partie seulement du sein en sera atteinte.

Cette tumeur ne reste pas stationnaire; elle n'est douloureuse qu'au début et alors seulement que son développement est rapide; elle est dure au toucher, inégale et présente quelquefois des bosselures. La fluctuation que présentent les kystes du sein empêchera de les confondre avec l'hypertrophie de ces organes, de même que celle-ci permettra encore de les reconnaître alors qu'ils se seront montrés simultanément avec elle. Les ganglions lymphaques voisins restent généralement intacts. L'hypertrophie peut occuper un seul sein ou les deux à la fois.

Une cause extérieure, un traumatisme, tel qu'un choc, un froissement ou bien une inflammation, peuvent lui donner naissance. Quelquefois on la voit apparaître à l'épòque de la puberté, pendant la grossesse, l'allaitement ou à l'âge critique, toutes périodes que la femme ne parcourt pas toujours impunément. Ce sont surtout les troubles de la menstruation qui retentissent sur les glandes mammaires, et c'est à eux que l'on doit rattacher le plus souvent l'hypertrophie de ces organes.

On sait avec quelle opiniâtreté les indurations en général résistent aux moyens thérapeutiques les plus habilement dirigés. Sous ce rapport les hypertrophies du sein ne font pas exception à la règle; elles sont peut-être plus persistantes encore que les autres. Aussi faut-il recourir à plusieurs reprises à nos eaux, car ce n'est qu'exceptionellement qu'elles ont amené la guérison au bout d'une saison.

Nous nous applaudissons de pareils résultats; et lors même que l'hypertrophie resterait stationnaire, nous devrions encore être fiers de nos eaux, car on sait que bien souvent ces tumeurs prennent un développement tel qu'on est forcé de les opérer pour en arrêter les progrès.

g) *Hypertrophie des ovaires.*

On ne rencontre d'ordinaire l'hypertrophie des ovaires qu'après la puberté, c'est-à-dire, après l'époque où ces organes commencent à fonctionner. La difficulté qu'il y a à différencier ces tumeurs de beaucoup d'autres qui se développent aussi à cette époque de la vie chez la femme, nous oblige à nous arrêter un instant à leur diagnostic. Quand l'hypertrophie ne porte que sur les ovaires, la tumeur qui en résulte est mobile et flotte librement dans le bas-ventre. Elle ne s'immobilise que lorsque des adhérences, dépendant de métrite ou de péritonite concomitantes, se forment, comme il n'arrive que trop souvent à la suite de couches. Du reste la tumeur qui atteint rarement la grosseur d'un poing, est indolore et ne porte aucune atteinte à la santé générale. Le travail de l'ovulation néanmoins est contrarié, et si la lésion organique existe des deux côtés, des troubles de la menstruation, tels que l'aménorrhée, peuvent surgir et entraîner la stérilité. Aussi voyons-nous avec la guérison de la maladie organique des ovaires au moyen des eaux salines, la menstruation revenir régulièrement, et la malade se trouver préservée de toutes les conséquences fâcheuses, la stérilité entre autres, que cet état pathologique entraîne après lui.

h) *Hypertrophie de la matrice.*

L'hypertrophie de la matrice consiste en un accroissement de volume du tissu de cet organe. Elle peut porter tantôt sur le col, tantôt sur le corps et dans ce dernier cas être générale ou partielle. L'hypertrophie du col présente au toucher un épaississement régulier, notamment de la lèvre antérieure, qui s'allonge et proémine dans l'excavation. Le diagnostic est plus délicat quand l'hypertrophie siége dans le corps de l'organe. On la distinguera d'une grossesse par son développement plus lent, qui met plusieurs années à atteindre un fort volume. Les menstrues éprouvent des retards dans leur apparition et ne se montrent plus régulièrement toutes les trois ou quatre semaines comme par le passé. La quantité de sang perdu à chaque époque cataméniale diminue et peut même complétement faire défaut. Le rectum et la vessie souffrent de l'accroissement de volume de la tumeur, et dans ces circonstances on voit apparaître l'œdème des extrémités inférieures. En même temps les flueurs blanches et les symptômes généraux qui les accompagnent minent la malade.

Les eaux salines rendent dans cette maladie des services signalés, d'abord elles relèvent les forces défaillantes, et ensuite elles agissent sur la tumeur elle-même, qu'elles réduisent et font disparaître, ainsi que ses suites dangereuses.

Arrêtons-nous un instant sur certaines autres maladies de femmes, car leur traitement et leur guérison par nos eaux salines nous offriront l'occasion de citer quelques détails intéressants; on se convaincra par leur lecture que le nom de *bains des femmes*, donné aux eaux de Kreuznach, se trouve pleinement justifié.

Infarctus chronique. D'après Scanzoni, on ne doit considérer comme hypertrophie de la matrice que les accroissements de volume de cet organe, ayant leur siége dans la masse musculaire elle-même ou dans l'appareil vasculaire des parois utérines. Or, dans ce que l'on appelle *infarctus chronique*, le siége de la maladie est tout autre; c'est le tissu cellulaire qui abonde et ce sont des exsudats et des hyperhémies qui fournissent les éléments de sa formation. Le nom de *métrite chronique* a aussi été donné à cette affection, parce que c'est surtout à la suite de la métrite aiguë qu'on la voit apparaître. Elle survient aussi à la suite d'avortements répétés coup sur coup, surtout quand une nouvelle conception a lieu avant que la matrice soit revenue entièrement à son volume primitif. La même raison fait encore qu'il n'est pas rare de constater l'infarctus chronique de la matrice à la suite des couches pendant lesquels le retour de la matrice à ses dimensions normales est plus ou moins gêné. Cette lésion est encore évidemment la conséquence obligée de toutes ces affections qui irritent la matrice, tels que la chute du rectum, les inflexions, les déplacements de l'utérus, les collections excrétoires, toutes susceptibles d'y entretenir une stase de liquides quelconques, absolument comme l'hyperhémie de cet organe.

Ainsi, en résumé, nous aurons pour établir le diagnostic de cette affection des signes certains. Ce seront aux époques cataméniales, des règles peu copieuses et douloureuses, la plupart du temps des écoulements de mucosités plus ou moins abondantes, l'engorgement du col de l'utérus, l'augmentation de volume et la dureté au toucher du segment inférieur de la matrice; comme symptômes fonctionnels, un sentiment de pesanteur dans le bas-ventre, un dérangement dans les fonctions de la miction et de la défécation (ténesme vésical et rectal, incontinence d'urines) et enfin des douleurs réflexes provoquées par la compression des nerfs du bassin.

La vertu de nos eaux dans le genre d'affections dont il s'agit, la résorption rapide de ces tumeurs par suite de leur emploi, ont été parfaitement reconnues et décrites par Scanzoni, si judicieux en pareilles matières; nous reproduisons ici les paroles : « Si l'état de la malade le permet, il faudra l'envoyer aux eaux ci-dessus dénommées, lui faire passer quelques mois à Kissingen ou à Kreuznach, notamment lui faire boire les eaux salines, car ces deux stations thermales méritent une mention toute particulière dans le traitement et la guérison des maladies de l'utérus. »

On se trouvera très-bien de combiner, dans ces cas, les applications externes des eaux salines sous forme de douches vaginales ou de larges compresses sur l'hypogastre, avec leur usage interne et les bains. Nous n'avons qu'à rappeler ici l'action résorbante que possèdent les applications de la chaleur humide, tels que les cataplasmes, que l'on emploie tous les jours à cet effet, pour faire accorder par analogie une action identique aux moyens que nous venons de préconiser. Nous faisons chauffer l'eau saline avant de nous en servir en compresses ou en injections; mais nous faisons exception à cette règle et nous interdisons formellement les applications chaudes, quand nous constatons des écoulements sanguins chez des femmes qui ont des antéflexions ou des rétroflexions de l'utérus. Dans ces cas nous cherchons à nous rendre maître de ces écoulements sanguins au moyen d'injections d'eau froide et nous leur évitons ainsi du même coup et la chlorose et la consomption.

Leucorrhée. Nous avons également recours aux injections froides dans toutes les formes de maladies utérines dans lesquelles la contraction de la matrice, que le froid détermine, nous donne l'espoir d'arrêter une hyperhémie dangereuse, une sécrétion trop abondante, et même de combattre avantageusement un ramollissement de la muqueuse : ce qui est le cas dans le catarrhe chronique de la matrice et du vagin par exemple. Les eaux de Kreuznach sont particulièrement héroïques quand ces affections dépendent d'un vice constitutionnel, de la scrofule ou de la chlorose; car alors elles ne guérissent pas seulement le mal local, mais elles procurent, par leur action sur la constitution tout entière, une guérison complète et une garantie presque certaine contre toute récidive. Dans les cas de chlorose avancés, qui paraissent leur résister, nos eaux ont encore ce précieux avantage de préparer, s'il est permis de s'exprimer ainsi, une guérison, que des eaux plus riches en sels ferriques sauront parfaire.

Outre ces leucorrhées de causes constitutionnelles, celles de causes toutes locales trouveront ici leur guérison, et ce ne sont pas les moins nombreuses : celles qui proviennent de refroidissements, d'efforts, de déplacement et de tuméfaction de l'utérus, de maladies de l'ovaire etc. Bien que nos eaux ne soient pas indiquées d'une manière directe dans ces maladies, on y a encore recours de guerre lasse après avoir essayé tous les autres moyens. Il est bien entendu que dans ces tristes conjonctures on ne doit espérer obtenir qu'une diminution dans intensité des symptômes et non une guérison radicale.

Tuméfaction du col de la matrice. Le catarrhe utérin s'accompagne presque toujours d'une tuméfaction du col. Celle-ci est précédée d'excoriations et d'érosions tantôt larges et superficielles, tantôt gagnant la profondeur, qui donnent à la tumeur un aspect granulé. Il faut les faire disparaître le plus vite possible, car c'est d'elles que dépend en partie la durée du catarrhe utérin, qu'elles entretiennent; de cette façon on préviendra aussi l'inflammation de la muqueuse cervicale, l'accollement des lèvres, que le travail de cicatrisation peut réunir, le rétrécissement du canal cervical, l'atrésie de la matrice et tout ce qui peut s'ensuivre (*hydrométrie, hæmatométrie*). Aussi, quand l'effet des eaux salines ne se fait pas rapidement sentir, nous hâtons-nous d'employer le crayon de nitrate d'argent et même le fer chauffé à blanc.

Tissus de nouvelle formation. Les tumeurs de cette nature qui siégent dans l'utérus, pas plus que les tumeurs fibreuses et les kystes de l'ovaire, ne disparaissent par l'usage de nos eaux; elles ne diminuent même pas sensiblement de volume à la suite de leur emploi. Cependant un grand nombre de femmes envoyées par leurs médecins, viennent chercher à Kreuznach la guérison de semblables affections. Il est évident qu'elles tentent l'impossible, et il faudrait être barbare pour leur enlever ce seul espoir de salut, que la réputation de nos eaux leur laisse entrevoir. Si elles ne voient pas leurs tumeurs se résorber chez nous, du moins ne les voient-elles non plus s'accroître. Il est démontré, en effet, que des hypertrophies chroniques de l'utérus, dépendant de tumeurs fibreuses par exemple, et entretenues par l'irritation que de pareilles tuméfactions déterminent, ont été arrêtées par nos eaux, et en même temps qu'elles, les névralgies, les coliques et même les pertes de sang qui les accompagnent. Toujours est-il que la santé générale se relève et que les forces des malades augmentent. Aussi cite-t-on quelques observations de tumeurs fibreuses de la matrice qui se seraient terminées heureusement par la suppuration après des séjours longtemps répétés à Kreuznach. S'il en était ainsi, plus d'une analogie existerait entre ces tumeurs et les tuméfactions glandulaires de nature scrofuleuse que nous voyons si souvent guérir de cette façon chez nous. Nous les voyons, en effet, à la suite d'un usage prolongé de nos eaux, gonfler, devenir douloureuses et s'enflammer pour disparaître après suppuration. Naturellement, pour ces tumeurs fibreuses il faudra plus d'une saison pour les faire suppurer et les voir disparaître.

4° MALADIES DE LA PEAU.

En fait de maladies de la peau, les affections chroniques seules devront nous occuper, car tant qu'il subsiste quelques traces d'acuité ou d'inflammation, le traitement par les eaux minérales n'est pas à conseiller. Nous accepterons entièrement la classification des dermatoses de Niemeyer, ainsi que la description anatomo-pathologique des maladies de peau, qu'il a donnée dans son *Traité de pathologie et thérapeutique spéciales*. Nous ne nous occuperons que des maladies seules qui sont du ressort de nos eaux.

Fig. 6.

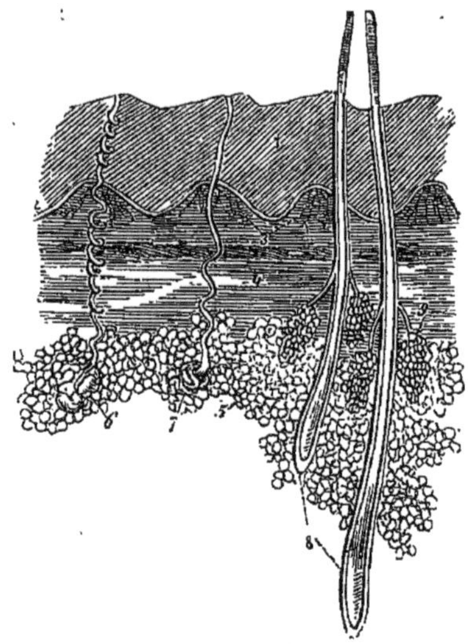

Fig. 6 (d'après Wilson-Holstein). *Coupe perpendiculaire de la peau, vue à un faible grossissement.*

1. Épiderme, composé de couches parallèles de cellules épithéliales.
2. Couche de Malpighi.
3. Papilles; vue de leur disposition.
4. Derme ou chorion, composé de fibres feutrées et entre-croisées.
5. Le pannicule adipeux, avec ses globules graisseux arrondis.
6. Une glande sudoripare avec sa terminaison en spirale.
7. Autre glande sudoripare, dont la terminaison est moins contournée en spirale.
8. Deux follicules pileux renfermant les racines des poils, et leur extrémité terminale dans le bulbe.
9. Une paire de glandes sébacées avec leur court canal excréteur.

a) *Hypertrophie de la peau.*

(Herpès furfuracé, écailleux. — Pityriasis. — Ichthyose.)

Ces affections se caractérisent par une exfoliation de la peau et une augmentation dans la formation de l'épithélium, accompagnées d'une légère inflammation et d'un trouble dans la sécrétion cutanée. Leur siége est la couche de Malpighi, qui est hypertrophiée.

L'usage de nos eaux n'est suivi de succés que dans les cas légers, dans le pityriasis, où l'exfoliation de la peau se fait par particules tenues et blanchâtres. Dans ces circonstances le pronostic devient très-favorable, quand surtout on peut rattacher cette affection à un vice scrofuleux ou syphilitique, parce qu'alors, avec un traitement général on se rend, du même coup, maître de la maladie constitutionnelle et de l'affection cutanée qui en dérive. Le pronostic est déjà plus défavorable quand la maladie a atteint un degré plus élevé, quand se détachent des squames cornées, dures et volumineuses. La nutrition, dans ces derniers cas, est en grande partie entravée, la peau, presque entièrement recouverte d'ichthyose, ne fonctionne plus; le retour à la santé ne doit pas être facile. Rien ne cause une plus pénible impression que la vue d'un malade atteint d'ichthyose avancée. Ses yeux ne se ferment plus (ectropion), parce que les muscles des paupières ont perdu leur force et la peau son élasticité; autour de tout le corps et de ses membres atrophiés on voit s'étaler en nombreux plis le tégument externe, semblable à une véritable cuirasse de parchemin. Même dans ces cas désespérés j'ai vu une amélioration résulter de l'emploi des eaux salines, l'état général redevenir meilleur, les muscles reprendre du volume et de la vigueur et l'éruption s'amoindrir; peut-être qu'en répétant les saisons à Kreuznach, on obtiendrait, sinon une guérison entière, du moins des résultats beaucoup plus beaux.

b) *Inflammation de la peau.*

α) Herpès vésiculeux. — Eczéma.

L'eczéma consiste en une inflammation du derme, accompagnée d'une exsudation séreuse qui s'étend au loin sur la surface libre de la peau. Cette exsudation soulève l'épiderme sous forme de bulles ou vésicules (eczéma simple, eczéma vésiculaire). Le contenu, au lieu de rester limpide, peut se troubler dans certaines régions, et l'éruption prendre la forme pustuleuse (eczéma impétigineux), ou bien se dessécher; quelquefois les croûtes ou les squames tombent et le chorion rouge reste à découvert (c'est ce qu'on appelait autrefois le pityriasis rouge). Dans ce dernier cas, cette surface rouge venant à suinter de la sérosité, nous avons ce qu'on appelle l'*eczéma rubrum*. Ces exsudats se dessèchent à l'air, et donnent naissance à des croûtes de toute grandeur. L'eczéma peut envahir toutes les parties du corps; c'est ainsi que l'on a l'eczéma de la face, de la cuisse, du scrotum, des mamelles, des lèvres, du périnée, l'eczéma du cuir chevelu (teigne faveuse ou crustacée, quand il se forme des croûtes).

Les causes déterminantes de l'eczéma sont tantôt une irritation locale violente, tantôt une stase sanguine veineuse, comme cela se remarque souvent aux extrémités inférieures, tantôt un vice constitutionnel comme la scrofule ou la syphilis. L'eczéma, avec les démangeaisons insupportables qui l'accompagnent, et en raison de sa ténacité, est une des affections les plus désagréables.

β) Herpès pustuleux. — Impétigo.

Dans l'impétigo, l'inflammation gagne la couche des papilles dermiques, et, dès le début, on voit sur la surface du chorion, des pustules qui se recouvrent d'exsudat et finissent par durcir et se transformer en croûtes jaunes. Les causes déterminantes de cette affection sont généralement locales; c'est ordinairement une irritation violente. Les individus scrofuleux ou syphilitiques sont surtout prédisposés à cette forme d'éruption. Elle se localise sur des parties très-restreintes du corps, par exemple sur le cuir chevelu (*tinea muciflua*); les joues, les lèvres, le nez (*fraisam, crusta lactea*), les épaules, les reins, les extrémités; l'impetigo est dit *figurata* quand l'éruption est limitée, *sparsa*, quand elle s'étend au loin; cette dernière forme se rencontre quand l'impétigo est devenu chronique, car alors tout le substratum dermique peut être englobé dans l'inflammation cutanée.

γ) Ecthyma.

Les pustules d'ecthyma sont isolées, atteignent la dimension d'un petit pois et même d'une noisette, donnent lieu ordinairement à des abcès de la peau et laissent après elles des cicatrices irrégulières. Rarement on les voit à la figure, c'est au cou, sur la poitrine et aux extrémités inférieures et supérieures qu'elles se rencontrent le plus souvent. La scrofule et une cause extérieure déterminante constituent l'étiologie de cette affection; on la voit aussi apparaître dans la syphilis constitutionnelle, et alors les parties envahies sont la figure et le cuir chevelu. Elle est encore l'apanage des individus cachectiques, mal nourris, vivant dans une grande misère.

δ) Affections bulleuses. — Pemphygus. — Pompholix.

Le pemphygus consiste en une inflammation localisée et superficielle du derme, qui donne naissance à une bulle isolée. Ces bulles de pemphygus peuvent se montrer sur différentes parties du corps, mais c'est le tronc qu'elles affectionnent de prédilection. Elles varient de la grosseur d'une graine de café à celle de la paume de la main. Plus leur étendue est grande, plus il y en a, et leur tendance à crever est forte; alors, au lieu de se dessécher, elles laissent le derme à nu, suintant de la sérosité; le cas est grave et les suites peuvent être dangereuses. Dans ces conditions, nos eaux ne peuvent plus rien, l'organisme complet est en souffrance. La scrofule et la syphilis sont les maladies dans lesquelles le pemphygus se développe de préférence.

ε) Dartres squameuses. — Psoriasis.

Le psoriasis consiste en une inflammation chronique et étendue du derme, avec hyperhémie et infiltration du tissu dermique. Dans ces conditions, la formation physiologique de l'épiderme ne saurait avoir lieu. Aussi le voit-on recouvert de squames blanches, furfuracées. On distingue différentes formes de la maladie, suivant le siége qu'elle occupe; elle ne reconnaît pas nécessairement, comme les affections précédentes, un vice antérieur de la constitution, tel que la syphilis, la scrofule;

elle peut atteindre des individus complétement sains. Partie à cause de la grande ténacité de cette maladie, partie à cause des récidives qui en sont fréquentes, un long usage de nos eaux sera nécessaire et il faudra y recourir souvent.

ζ) Dartres papuleuses. — Lichen. — Strophulus.

Le lichen (strophulus chez les enfants) se caractérise par une éruption de papules coniques le plus souvent conglomérées, de la grosseur d'un grain de millet, reposant sur le parenchyme dermique enflammé. La maladie peut rester circonscrite, ou prendre une grande extension. Le malade est en proie à un prurit assez considérable. Les eaux salines ont beaucoup de difficulté à en devenir maître.

η) Démangeaisons. — Prurigo.

Le prurigo consiste en une éruption de papules plates, dispersées, et qui déterminent un prurit considérable; les papules ont également pour base le derme enflammé. Les démangeaisons continues, les nuits passées dans l'agitation la plus grande, font souhaiter aux malades d'être débarrassés bien vite de cette affection. Kreuznach répondra entièrement à leurs souhaits, et ils sortiront de ses piscines, aussi purs que l'enfant qui vient de naître.

θ) Acné.

Le siége ordinaire de l'acné est la figure, la poitrine et la partie postérieure du cou. L'acné simple, qui consiste en une inflammation de glandes sébacées, dont le contenu ne peut plus se vider à l'extérieur et qui suppurent, est une sorte d'éruption contre laquelle les eaux de Kreuznach sont souveraines.

La guérison est déjà moins brillante lorsqu'il s'agit de l'acné rosacea, parce que dans cette forme, en même temps que le tissu propre de la glande sébacée est enflammé, les tissus environnants sont compromis. Cette éruption siége de préférence à la figure; les buveurs en sont spécialement atteints; aussi, pour la faire disparaître, faut-il changer immédiatement le genre de vie et le régime des malades, avant de songer à leur cure par les eaux minérales.

t) Dartres de la barbe. — Mentagre. — Sycosis.

Le sycosis est une maladie caractérisée par une inflammation, avec sécrétion de pus des glandes sébacées ainsi que des follicules pileux de la barbe. Les tissus voisins participent à ce mal, et tout le parenchyme cutané se trouve comme infiltré et gonflé. Les douleurs que le sycosis détermine changent de place assez souvent. Chez tel malade, le mal pourra prendre des dimensions telles que son visage sera hideux à voir et l'obligera à fuir les regards du monde. Il n'y a pas, je crois, de maladie plus opiniâtre; quand on croit s'en être rendu maître, une seule nuit suffit souvent pour laisser reparaître les efflorescences.

c) *Tissu de nouvelle formation dans la peau.*
(Dartre rongeante. — Lupus.)

Le lupus débute par de petites taches rouges (*lupus maculosus*) ou par des indurations de la peau (*lupus tuberculosus*); ces nodosités se composent de cellules dont les noyaux ne sont plus emprisonnés et qu'on retrouve en liberté dans leur tissu. Entre les mailles de ce tissu malade on voit souvent inclus des follicules pileux ou des glandes sébacées. Quand le mal a fait des progrès, que l'épiderme trop compromis se détache, que des tumeurs prennent sa place, on a sous les yeux la forme dite *lupus exedens*. Cette forme de la maladie a une grande tendance à s'étendre de proche en proche, et comme c'est à la figure qu'elle siége de prédilection, on lui voit causer de grands ravages au détriment du nez et des joues.

Le lupus peut aussi, même dans sa forme tuberculeuse, ne pas se faire jour au travers de l'épiderme et ses nodosités peuvent se résorber. Dans ces cas, une cicatrice brillante et dure est son mode de terminaison (*lupus non exedens*). Dans le lupus hypertrophique, on peut se rendre compte de la marche envahissante que prend la maladie et constater combien les tissus voisins sont influencés par elle. Ces différentes formes du lupus se rencontrent assez souvent réunies et se succèdent fréquemment sur la même personne.

Etant presque l'apanage des constitutions scrofuleuses, cette maladie doit relever de nos eaux et trouver en elles son remède. Sous leur influence le mal s'arrête, une formation normale de tissu succède au vice de formation antérieur; si déjà des parties de peau ont payé leur tribut à la maladie, et s'il y a des pertes de substances à combler, les opérations plastiques réussiront d'autant mieux qu'un traitement par nos eaux aura été fait préalablement.

Bien entendu qu'avec des moyens accessoires on pourra toujours aider à la disparition du mal; c'est ainsi que les cautérisations avec le nitrate d'argent rendront souvent de grands services.

d) *Maladies parasitaires de la peau.*

α) Gale. — Favus. — Porrigo favosa s. lupinosa.

Le siége de prédilection du favus est le cuir chevelu, rarement il occupe une autre partie du corps. Il est dû à un développement de champignons microscopiques; ceux-ci pullulent les uns à côté des autres, de sorte que rapidement toute la tête en est couverte; une couche plus ou moins épaisse de matières durcissantes emprisonne les cheveux, qui ressemblent alors à ces brins d'herbe que la neige, en hiver, laisse passer quelquefois au travers d'elle.

Quand les efflorescences faveuses ne sont pas bien abondantes, elles peuvent prendre des formes bizarrés, telles que la forme de coupes, d'assiettes, de plateaux jaunes percés à leur centre par des touffes de cheveux. Suivant que les racines des cheveux et les glandes sébacées auront été plus ou moins compromises, on verra de nouveaux cheveux repousser au déclin de la maladie.

Ce mal si opiniâtre et si difficile à déraciner par tous les moyens connus, comment cède-t-il aux eaux de Kreuznach? C'est une énigme. Est-ce le lavage répété de la tête, avec les eaux simples ou additionnées d'eaux mères qui tue le champignon; ou bien est-ce la constitution entière, qui, relevée par nos eaux et ayant acquis d'elles un degré de vitalité suffisant, ne permet plus au champignon de s'y développer? Ces suppositions peuvent être vraies toutes deux. Ajoutons, pour terminer, qu'une épilation antérieure facilite la cure et la rend plus durable.

β) Teigne de la tête. — Herpès tonsurant.

Dans l'herpès tonsurant, le champignon se forme et se développe à la racine des cheveux, de là il remonte entre leurs interstices. Les cheveux se brisent par petites masses épaisses à la surface de la peau, et laissent voir des places nues de la dimension d'un ducat qui donnent à la tête l'aspect d'une tête mal tonsurée. — Les effets de nos eaux salines sont remarquables encore ici. Les cheveux repoussent sitôt que le mal est enrayé.

γ) Taches hépatiques. — Pityriasis versicolor.

Depuis Eichstedt, on ne songe plus à rapporter à une maladie du foie la cause de ces taches comme leur nom, *taches hépatiques*, semble l'indiquer, mais bien à un champignon que cet illustre maître a découvert entre les lamelles épidermiques, chez une personne atteinte de pityriasis versicolor. On rencontre spécialement ces taches sur la poitrine, au cou, au dos et sur les bras. Quelques bains suffisent parfois pour guérir complétement les malades de cette affection.

e) *Sécrétions cutanées anomales.*

α) Hyperhydrosis.

On entend par hyperhydrose, une affection caractérisée par des transpirations abondantes. Généralement elle indique une grande faiblesse, non-seulement de la peau, mais de toute l'économie; aussi ces sueurs profuses se voient-elles surtout chez des individus qui sortent d'une longue maladie. Un symptôme qu'on remarque toujours dans cette affection, ce sont des sudamina et des vésicules miliaires transparentes ; cela s'explique par le grand afflux d'eau vers la peau, qui ne permet pas toujours sa sortie à l'extérieur et qui en emprisonne une partie, sous les formes que nous avons indiquées. La reconstitution des forces de l'organisme, que l'usage des eaux salines détermine, suffit pour que cette affection disparaisse.

β) Anhydrosis.

État contraire du précédent, une grande sécheresse de la peau, déterminée par une absence complète de sueur, le caractérise. Pendant de longues années, le malade peut être atteint de ce défaut de sécrétion sudorale, sans éprouver autre chose qu'une sécheresse et un manque de souplesse désagréables de la peau. Mais il peut arriver aussi à la longue, quand on ne fait rien pour remédier à cette affection, que d'autres maladies de la peau viennent se greffer sur elle, comme par exemple le psoriasis, le pityriasis et l'ichthyose. Un séjour longtemps prolongé à Kreuznach, des bains salins répétés, finissent par devenir maîtres de cette altération fonctionnelle de la peau.

5° PARALYSIES.

Nous ne nous occuperons ici que de cet ordre de paralysies pour lesquelles il est bien établi qu'elles résultent d'une compression exercée sur les nerfs par un exsudat plastique, reliquat d'inflammation. Les paralysies qui suivent un traumatisme, et celles qu'on trouve à la suite des maladies puerpérales sont dans ces conditions. On en constate aussi à la suite d'inflammation des membranes médullaires. Dans les paralysies qui proviennent d'extravasats sanguins dans la substance cérébrale, l'administration de nos eaux demande une prudence toute particulière. Au début du traitement on se bornera à donner l'eau en boisson, ce n'est que plus tard et petit à petit qu'on permettra les bains. Au bain on maintiendra haute la tête du malade, on l'entourera de compresses froides. Le bain sera de courte durée, et la température de l'eau ne dépassera pas 25 degrés Réaumur. A Kreuznach nous voyons beaucoup de paralysies guérir, surtout celles dites *rhumatismales*, celles qu'un froid extérieur vif a pu déterminer; enfin celles qui sont survenues à la suite d'un accouchement pénible et qui reconnaissent pour cause directe un œdème ou une hyperhémie des enveloppes des nerfs.

II. Cachexies et dyscrasies.

Maladies dans lesquelles les effets bienfaisants des eaux salines déterminent dans les tissus un mode de formation meilleur. L'hématopoïèse se fait plus richement, les éléments malades des tissus disparaissent et font place à des éléments nouveaux; la santé, enfin, vient remplacer la maladie.

Les vices de composition du sang dont dépendent les maladies que nous avons à décrire peuvent provenir d'agents extérieurs au corps humain (le mercure, le plomb, l'arsenic etc.), ou d'agents internes (la graisse, les globules sanguins eux-mêmes). Dans le premier cas nous avons les maladies toxicologiques, telles que la cachexie mercurielle; dans le second, des maladies constitutionnelles, telles que la pléthore, la polysarcie. Enfin le sang vicié peut en déterminer à son tour (goutte, rhumatisme, maladies lithiasiques).

1° CACHEXIE MERCURIELLE ET SYPHILIS CONSTITUTIONNELLE.

Les personnes qui sont atteintes d'intoxication mercurielle sont celles qui, dans le traitement de la syphilis, ont fait abus du mercure, ou qui manient ce métal, comme les ouvriers qui sont exposés par leur état à en respirer les vapeurs.

Nous avons rarement occasion de voir des malades de cette seconde catégorie, tandis que nous voyons souvent des personnes intoxiquées par un long usage de mercure pendant le traitement d'une syphilis. Chez ces malades nous constatons alors, en même temps que les signes de la cachexie mercurielle, des symptômes d'accidents secondaires sur la peau, tels que des syphilides, ou sur la muqueuse buccale et anale, sur les muqueuses nasales, pharyngiennes et laryngiennes, ainsi que sur les organes génitaux. Les os, le périoste peuvent aussi en présenter des traces (gommes, tophus, exostoses, caries, nécroses). Tantôt c'est une iritis ou une choroïdite que l'on observe. Les muscles enfin et les organes internes présentent aussi quelquefois des engorgements syphilitiques.

Le rôle de nos eaux salines est ici de relever les forces défaillantes, et l'iode, ainsi que le brome qu'elles contiennent, neutralisent le mercure qui est resté dans l'économie. Le fer et le manganèse qu'elles renferment sont aussi très-utiles dans les cas d'anhémie. Quand nous avons la crainte que le traitement par nos eaux ne suffise pas, nous avons la précaution de faire prendre au malade la tisane de Zittmann pendant huit à quinze jours. Nous nous arrangeons de façon à ce que la fin de ce traitement tonique et dépuratif tombe vers le milieu de la saison thermale. Pendant cette première partie de la cure, le malade doit garder constamment la chambre, ne pas boire d'eau, mais prendre régulièrement un bain par jour le matin, et se recoucher après; il boira son pot de tisane chaude et transpirera. La transpiration cessée, il pourra se lever.

Il est indispensable de bien se pénétrer de ce traitement, car nous l'avons expérimenté bien souvent, et notre conviction intime est que la tisane de Zittmann, ou une composition qui a avec elle beaucoup de ressemblance (par exemple : sirop de Laffecteur, sirop de Boiveau, décoct. Pollini, pot. de Vigarou), aidée d'un traitement par les eaux minérales salines, est toute-puissante pour guérir ces maladies. J'ai été toujours bien moins heureux quand je donnais la tisane de Zittmann pure et simple, sans ordonner en même temps les eaux de Kreuznach. Je pourrais réunir ici le témoignage de nombreux confrères qui nous envoient chaque année des malades, et qui tous sont unanimes pour reconnaître, dans ce cas spécial, la vertu de nos eaux.

Les formes pures et simples de syphilis trouvent ici leur remède. Elles ne sont pas toujours liées à un état mercuriel concomitant. Du reste, à ce sujet, deux cas différents peuvent se présenter : ou bien les malades ont plusieurs fois contracté la vérole et fait alors plusieurs traitements mercuriels; les accidents secondaires survenus dans ces circonstances sont d'une ténacité fort grande, et on a beau gorger l'individu de mercure; pendant l'administration de ce métal, les accidents secondaires disparaissent, mais ils reviennent sitôt qu'on cesse le traitement. C'est cette tendance aux récidives que notre source a pour effet de combattre. — Ou bien, comme l'ont constaté tous les médecins à même de faire des observations sur ce genre de maladies, les malades présentent des accidents secondaires rebelles au mercure, comme par exemple des tumeurs ou des gonflements de la langue, ou des accidents du côté de la peau et des os. Il ne faut jamais oublier que la scrofule peut parfaitement compliquer une syphilis. Nos sources, grâce à l'iode et au brome qu'elles renferment, sont encore un des meilleurs moyens que je connaisse à opposer à ces cas. Aussi la réputation s'en est-elle établie au loin, et de nombreux malades, guéris, non pas seulement d'accidents secondaires, mais même primitifs, viennent chercher chez nous la consolidation de leur guérison. Il en vient même qui prennent nos eaux par prophylaxie, pour tranquilliser leur conscience et être certains de ne pas voir survenir d'accidents secondaires.

2° OBÉSITÉ. POLYSARCIE.

On dit qu'il y a polysarcie quand le sang se charge de graisse. Non-seulement toutes les régions du corps peuvent se charger de graisse, le tissu cellulaire, le mésentère, l'épiploon, mais aussi les organes plus importants, tels que le foie et la rate.

Les causes de la polysarcie sont l'hérédité d'abord, ensuite les excès de table, l'usage d'aliments trop succulents, trop substantiels. Aussi ajouterons-nous comme traitement, à l'usage de nos eaux, un régime sévère; la viande ne sera permise qu'en petite quantité; on entraînera son malade; son sommeil, ne sera que de quelques heures la nuit; la plus grande partie du jour, on lui fera faire des promenades. Il est curieux de constater combien le corps perd de son poids après quelques semaines de ce régime.

Tous les symptômes fonctionnels de cette maladie disparaissent aussi progressivement : la dyspnée, la tendance au sommeil, les syncopes et les sueurs profuses. Le foie, la rate également diminuent de volume. Les globules sanguins reprennent aussi leur composition normale, et grâce à nos eaux salines, la circulation redevient physiologique.

3° PLÉTHORE.

La pléthore consiste en une accumulation anormale de l'albumine du sang, en même temps que dans une augmentation dans le nombre des globules sanguins (Andral et Gavaret). Une nourriture trop substantielle, une vie sédentaire et en général un exercice du corps qui n'est pas en rapport avec la quantité d'aliments absorbés, conduisent à cette maladie. Les indications thérapeutiques ressortent de ces quelques lignes : on devra chercher à rétablir un juste équilibre entre les recettes et les dépenses du corps. Nos eaux salines remplissent bien ce but, et par leur usage on voit les fonctions des tissus se réveiller et la circulation sanguine se ranimer.

Nous avons vu (p. 59) que, d'après Vogel et C. Schmidt, l'albumine et le chlorure de sodium que le sang renferme s'y trouvent dans des proportions réciproquement inverses l'une de l'autre. Et comme l'on remarque que l'albumine du sang diminue presque immédiatement quand le malade boit de nos eaux, il est fort naturel de penser que ce résultat est dû au sel marin que nos sources renferment. Leur action sur la circulation est aussi remarquable. Elles rappellent les intestins à leur fonctionnement normal, ceux-ci sortent de leur état de paresse et d'inertie, l'hyperhémie et les congestions qui en étaient la conséquence, disparaissent du même coup; la circulation périphérique ne peut que gagner à la disparition de cette stase et de cette congestion abdominale. Il faut simultanément ordonner un régime sévère, végétal, défendre les boissons spiritueuses, même le café et le thé, car leur usage ne fait que retarder la guérison en s'opposant aux transformations intimes des tissus.

Petit à petit, les congestions vers la tête et les vertiges diminuent d'intensité, la coloration rouge foncé des joues et du nez commence à pâlir, les courbatures et la fatigue que les malades ressentaient dans tous les membres disparaissent, les garde-robes se régularisent, les pensées joyeuses remplacent l'accablement et les pensées tristes qu'avaient les malades. Enfin, goutte, hémorrhoïdes, maladies de foie, de cœur, apoplexies sont autant de maladies dont le malade cesse d'être menacé. S'il est une maladie dans laquelle il est bon de conseiller une cure de raisin[1] à la suite d'une saison minérale, c'est bien dans la pléthore générale. Les maladies que nous avons dites être prévenues par l'emploi

[1] Kreuznach, avec son beau ciel et sa situation charmante, offre une station très-favorable pour la cure du raisin. Les raisins que l'on récolte dans ses vallées sont de la meilleure qualité; aussi d'année en année le nombre des personnes qui viennent y faire la cure du raisin va-t-il en augmentant.

de nos eaux salines peuvent aussi être guéries par elles quand malheureusement on les a laissé se fixer dans le corps. Nous aurons encore à en parler dans le cours de cet ouvrage et nous insisterons surtout sur celles qui cèdent le plus facilement à nos sources.

4° ARTHRITIS. GOUTTE.

La goutte est déterminée par la présence dans le sang d'une grande quantité d'acide urique. Une nourriture animale y prédispose, aussi voyons-nous cette maladie survenir chez des personnes qui font tout pour accumuler en elles de l'acide urique en abondance, qui se donnent peu d'exercice, qui mangent beaucoup plus qu'il ne serait nécessaire, qui abusent du coït. La fréquence avec laquelle la goutte siége au gros orteil est remarquable (*Podagra*); plus rarement elle gagne d'autres articulations (*Gonagra*, *Ischiagra*, *Chiragra*, *Omagra*). Ce sont autant de dénominations suivant les parties envahies par le mal. L'accès de goutte passé, il ne reste pas seulement à dissoudre les dépôts uriques qui se sont formés dans les articulations, ni à résoudre les grosseurs des parties prises : il faut encore faire en sorte que les accès ne se reproduisent plus et que les contractures, les ankyloses disparaissent complétement. Notre source saline présente sous ce rapport une qualité émérite, qui consiste à modifier le mode de formation des tissus, et ce n'est que de cette manière que nous pouvons espérer diminuer cette formation exagérée d'acide urique. Un exercice salutaire facilitera ce résultat. Aussi conseillons-nous à nos malades de faire des excursions à pied dans nos délicieux environs quand la marche leur est possible;

dans les cas où elle ne l'est pas, des excursions en voiture ou en barque ou bien l'exercice du cheval ou de la rame y obvieront.

N'oublions pas de mentionner ici la grande quantité de lithium que nos eaux renferment. (Sur 16 onces d'eau prise à la source Élise, Lœwig a trouvé 0,613 grains de chlorure de lithium; sur 10,000 grains d'eaux-mères, Polstorf en a trouvé 10,3 grains et Bunsen 145,3.) Ce métal donne, sans nul doute, à nos eaux de Kreuznach une grande partie de la vertu qu'elles ont de dissoudre l'acide urique des parties où il s'est déposé.

En second lieu vient le régime : il veut être réglé, il doit être sévère pendant les accès, et toujours sobre. Il ne peut y avoir d'exceptions à cette règle que quand la maladie est devenue une véritable cachexie; alors il faudra conseiller un régime tonique. Dans les deux cas, notre source a une portée bien précieuse; elle ne détruit pas seulement les dépôts uriques sur place et contribue à redonner aux membres la mobilité qu'ils avaient perdue, elle régularise aussi les fonctions digestives, et permet à la nutrition de redevenir normale.

5° RHUMATISME.

On peut aussi rattacher le rhumatisme à une diathèse urique. Les dépôts considérables de sels uriques que l'on trouve dans les urines des rhumatisants permettent du moins de faire cette supposition. Lors même que dans le rhumatisme la quantité d'acide urique ne se trouve pas augmentée dans la masse sanguine, comme elle l'est dans la goutte (Carrot, C. G. Lehmann), il n'en est pas moins vrai, à mon avis, que cette malade relève également d'une dyscrasie urique, car goutte et rhumatisme, dans certains cas, ne sont pas à distinguer l'un de l'autre. Les formes de rhumatisme que nous avons à traiter à Kreuznach sont très-diverses. C'est ainsi que nous voyons des malades qui ont eu un rhumatisme articulaire simple, sans garder de traces sensibles à l'articulation atteinte, venir prendre nos eaux pour se mettre à l'abri des récidives. D'autres nous arrivent avec des membres contracturés, ankylosés, signes d'épaississement de la capsule et des ligaments, ainsi que d'exsudats intra-articulaires; chez eux nos eaux agissent sur l'économie entière en même temps que sur les parties affectées, et beaucoup s'en retournent chez eux guéris. Ainsi je me rappelle avoir vu un malade atteint d'une ankylose angulaire du genou, guérir en deux mois. Le membre était redressé et les mouvements de la jambe sur la cuisse revenus. Ces résultats, mis à côté des insuccès que l'on éprouve dans les cas d'ankyloses, suites d'inflammations d'une autre nature, et dont nous avons cité des exemples plus haut, viennent encore à l'appui de notre manière de voir et nous font penser que les inflammations dans le rhumatisme sont d'une nature toute spéciale. Les eaux de Kreuznach ne possèdent pas seulement une vertu toute-puissante contre les suites du rhumatisme aigu; elles sont encore souveraines dans le rhumatisme chronique et contre les lésions que cette maladie laisse après elle, douleurs musculaires, raideurs, névralgies etc.

6° LITHIASE, FORMATIONS CALCULEUSES.

La plus grande quantité des concrétions pierreuses qui se rencontrent dans les organes urinaires (reins, uretères, vessie) sont composées d'acide urique et d'urates; les phosphates et les oxalates de chaux s'y trouvent en minorité.

Ces faits montrent bien que ces concrétions relèvent d'une diathèse urique plutôt que de toute autre; et ce qui vient corroborer cette idée, c'est que, comme la goutte, la lithiase reconnaît pour causes génératrices un genre de vie trop luxuriant et un manque d'exercice relatif. Nos eaux salines ne réussissent que dans les cas où les dépôts ne sont pas composés de phosphates ni d'oxalates. Aussi, avant que d'entreprendre de guérir par nos eaux une maladie calculeuse des organes urinaires, faut-il au préalable analyser la nature des concrétions. Une fois le calcul formé et arrivé à une certaine dimension, nul doute que Kreuznach, pas plus qu'aucune autre eau minérale, ne saurait le résoudre. Ce n'est qu'au début, alors que ces concrétions ne se déposent encore que sous la forme de sable ou de petits graviers, que nos eaux peuvent rendre des services signalés, en empêchant les progrès de la maladie. On voit alors, pendant leur administration, de petits graviers expulsés et entraînés par les forts jets d'urines, que nos eaux, prises en boisson, rendent plus abondantes. Des douleurs déchirantes peuvent quelquefois être provoquées par le passage d'un gravier à travers le canal de l'urèthre; un bain chaud les calmera et facilitera la sortie du calcul. Aussi n'est-ce qu'après avoir pratiqué l'opération de la taille ou de la lithotripsie que nous engageons les médecins à nous envoyer leurs malades, qui, dans ces conditions, profiteront bien mieux de leur séjour à Kreuznach, par lequel ils seront préservés de toute récidive.

CHAPITRE IV.

L'atmosphère des salines.

A. Sa composition, ses propriétés physiques et chimiques.

L'air qui nous entoure se compose de 79 parties d'azote et de 21 d'oxygène. Cette composition est d'une invariabilité remarquable : on la retrouve à l'équateur, aux pôles, sur les plus hautes montagnes comme dans les plus profondes vallées, toujours la même. A ces deux corps d'une importance extrême viennent s'en joindre d'autres moins importants et dans une proportion bien faible relativement, ce sont l'ammoniaque, la vapeur d'eau et l'acide carbonique, corps qui se retrouvent toujours dans notre atmosphère, mais plus sujets à variations que l'azote et l'oxygène. C'est précisément cette variabilité que l'atmosphère peut éprouver dans sa composition de la part d'agents étrangers, et spécialement chez nous au voisinage et sous l'influence des machines à graduation, par exemple, que nous comptons mettre à profit pour nos malades; ce sera ce que nous avons appelé l'*atmosphère des salines*. Évidemment les éléments qui concourent à former cet air fortifiant que l'on respire auprès des maisons de graduation doivent être bien différents de ceux de l'air ordinaire; son odeur seule rappelle celle de la mer. Comment pourrions-nous, autrement que par nos sensations, nous rendre compte du bien-être général et du sentiment de fraîcheur que l'on éprouve dans cet air, que l'on inhale à pleins poumons, et qu'on ne peut se lasser d'inspirer avec délices? C'est bien avec raison que l'air qui se respire près des maisons de graduation a été comparé avec l'air des ports de mer; il y a une grande analogie de composition entre eux[1]. On n'est pas encore parvenu, l'imperfection de nos instruments en est la cause, à donner une analyse exacte de l'air des salines; aussi, pour donner une idée claire de sa nature, sommes-nous obligé d'entrer dans les détails suivants :

1° Dans les machines à graduation, les eaux salines, pour passer à l'état de vapeur, ont besoin de calorique, qui se développe au détriment de l'air ambiant. Cet air, par cette raison, se refroidit, devient plus dense et acquiert par ce fait une plus grande quantité d'oxygène. En le respirant, on absorbe donc une plus grande quantité de ce gaz que dans l'atmosphère ordinaire.

2° L'air qui se trouve près de ces machines est aussi plus saturé de vapeur d'eau, et son degré de saturation est d'autant plus élevé que la température elle-même l'est davantage. C'est ainsi que le degré maximum se remarque en plein été, au milieu du jour, quand il y a du soleil. Le degré d'humidité est encore assez prononcé quand en été le vent d'ouest ou de sud-ouest souffle, parce que ce vent chaud arrive par-dessus la France, saturé des vapeurs de l'Atlantique.

3° L'acide carbonique, au contraire, diminue et peut même, dans cet air que nous analysons, descendre à

[1] Verhæghe, *Traité pratique des bains de mer.*

un degré minimum. Il se passe ici ce que l'on observe en grand sur de grandes surfaces d'eau, sur la mer par exemple : l'acide carbonique de l'air est entraîné par la pluie artificielle qui se dégage des machines. Mettez dans un vase une solution saturée d'eau de chaux et exposez-le à l'air, il se recouvrira bientôt d'une membrane blanche (*cremor calcis*) due à la formation de carbonate de chaux; cette couche membraneuse deviendra d'autant plus épaisse que l'on laissera le vase séjourner plus longtemps à l'air, ou que celui-ci renfermera plus d'acide carbonique. J'ai observé que près des machines à graduation il faut plusieurs minutes pour qu'on remarque un léger précipité, tandis qu'à une distance éloignée des salines la surface du liquide s'en recouvre presque instantanément. Au bout de quatre jours nous n'avions obtenu près des machines qu'un dépôt moitié moindre que celui que nous obtenions à l'air entièrement libre.

4° Les eaux salines, en tombant le long de ces murs hérissés de branches, ne se vaporisent pas seulement; une partie, en arrivant sur le sol, se réduit en poussière et est emportée par le vent. Aussi l'atmosphère des salines est-elle imprégnée des particules minérales que nos eaux renferment. Celles qui y prédominent sont des poussières de chlorure de sodium. On peut facilement s'en convaincre à l'aide du microscope; il suffit, pour recueillir ces cristaux, d'exposer une plaque de verre au voisinage des machines à graduation. Sans doute leur nombre n'est pas si grand, ni leur aspect aussi brillant que ceux qu'on obtient en laissant évaporer une goutte d'eau sur une plaque de verre; mais cette expérience suffit pour montrer que l'atmosphère en renferme.

La fig. 7 représente un groupe de cristaux obtenus par la cristallisation lente d'une goutte d'eau. Grossissement 1/315.

Fig. 7.

La fig. 8 représente des cristaux obtenus par la cristallisation d'une goutte de vapeur d'eau.

Fig. 8.

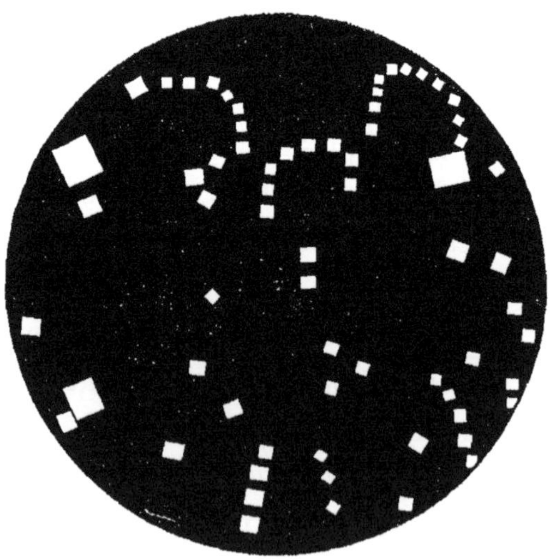

Il faudrait laisser exposée une plaque de verre pendant quelques jours consécutifs auprès des machines à graduation, pour obtenir un dépôt semblable à celui représenté fig. 8.

La fig. 9 reproduit l'image d'une plaque de verre avec quelques cristaux obtenus à la distance de 15 pas après une exposition de 24 heures.

Fig. 9.

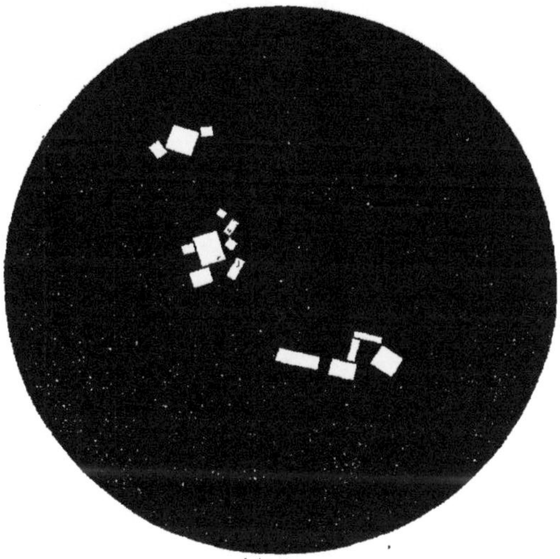

La fig. 10 représente l'image de cristaux recueillis sur une plaque de verre placée à 100 pas du mur des machines à graduation; *a* est un groupe de cristaux de chlorhydrate d'ammoniaque.

La richesse en sel de l'atmosphère des salines peut être telle que les lèvres en soient impressionnées et donner à la salive une saveur salée. Mais ceci n'a lieu que dans la saison chaude, alors que les machines à graduer fonctionnent beaucoup et que le vent souffle souvent. Il faut noter qu'il se perd une grande quantité de sel par le seul fait de la pulvérisation de l'eau. On estime cette perte à 2147 livres, dont 1573 livres sur les salines de Karlshalle et de Theodorshalle et 574 sur celles de Münster a. St.

Fig. 10.

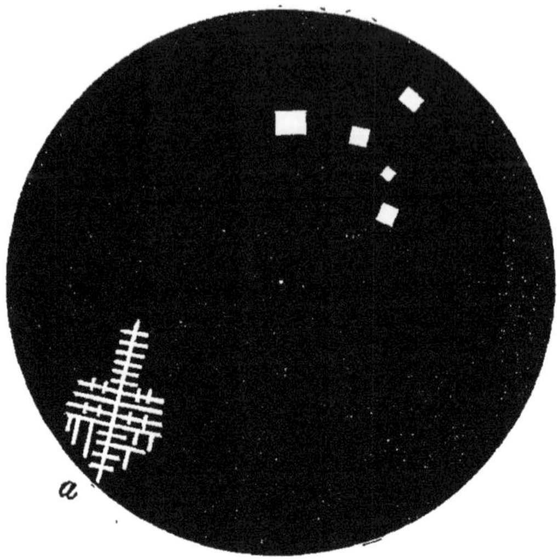

5° Par suite de la concentration des eaux salines, comme elle s'opère dans les maisons de graduation, leur richesse en principes minéralisateurs, tels que l'iode et le brome, augmente. Le mélange de ces métalloïdes avec le chlorure de sodium, qu'on retrouve dans l'atmosphère des salines, est en grande partie cause du bien-être qu'éprouvent les personnes qui la respirent, et la raison de son action puissante sur l'économie.

Il y a peut-être une certaine analogie entre les effets produits par les vapeurs iodoformiques, qui déterminent une joyeuse humeur accompagnée d'une très-grande légèrté dans l'accomplissement des mouvements respiratoires, et ceux que détermine le gaz protoxyde d'azote, encore dit gaz hilariant (Franchini).

B. De l'action de l'atmosphère des salines.

On comprendra facilement qu'une atmosphère aussi richement composée exerce une action sur l'organisme; la peau et les poumons seront les premiers organes qui s'en ressentiront, et par leur intermédiaire la masse sanguine ne tardera pas à en être influencée. C'est par les poumons et par la peau que doivent passer tous les agents médicateurs que l'atmosphère des salines peut contenir, pour de là produire leurs effets sur le corps humain. Les mouvements respiratoires s'exécutent avec une intensité plus grande près des machines à graduation, probablement parce que l'air est plus dense et partant plus riche en oxygène. Les malades y font des inspirations plus profondes et plus abondantes, et l'air pénètre jusque dans les plus petits ramuscules bronchiques. Nerfs et musles gagnent en force et en puissance par un séjour répété aux salines, car le sang, plus oxygéné, transmet le gaz vivifiant à toutes les parties du corps. L'acide carbonique exhalé suit la même proportion : il augmente de volume en même temps que l'oxygène absorbé. La chaleur animale se trouve ainsi fortement alimentée; de cette façon un véritable équilibre s'établit d'une part entre la déperdition de calorique que le corps éprouve dans l'air plus froid des salines, et, de l'autre, entre l'augmentation dont nous venons d'indiquer l'origine. L'action de la vapeur d'eau que l'on respire à une certaine distance des machines est également avantageuse.

On sait, en effet, que plus l'air ambiant est saturé d'eau, moins les poumons en ont à exhaler. Ceux-ci, gardant leur eau, ne courent pas risque de se dessécher, et la transpiration en diminue d'autant; en résumé, la chaleur du corps ne subira pas de déperdition et restera au même degré. L'atmosphère est incontestablement chargée de chlorure de sodium, et c'est à l'heureuse influence de ce sel que nous devons attribuer tout le bien qu'en retirent les sujets affectés de maladies de poitrine. L'expectoration se tarit et devient plus facile; la toux, la dyspnée s'amoindrissent.

C. Indications de l'atmosphère des salines.

L'installation et l'aménagement commodes qui se rencontrent auprès des machines à graduation sont bien favorables au but curatif que l'on se propose. L'action de cette atmosphère salée s'adresse d'abord à l'organe principal du corps humain, à celui qui fait l'office de de rémunérateur des pertes constantes que l'économie entière éprouve, et qui porte à tous les autres organes la force et la vigueur, à la masse sanguine, en un mot. Aussi toutes les maladies — et le nombre en est grand — dans lesquelles le sang peut être modifié dans sa composition, participeront aux heureux effets que l'air des salines lui aura imprimés. Les personnes délicates, les convalescents de longues et graves maladies (typhus, diarrhées, hémorrhagies), les individus à fibre molle, d'un tempérament lymphatique, anhémiques, se trouveront très-bien d'un séjour fréquent aux salines. Les maladies encore qui seront heureusement influencées par cette atmosphère fortifiante seront la chlorose, le rachitisme, la scrofule. Les personnes atteintes de maladies chroniques des bronches, de bronchorrhée, d'asthme et de catarrhe chronique des voies respiratoires, et même celles qui ont un commencement de tuberculisation pulmonaire, y trouveront soulagement à leurs maux en raison de la grande quantité de vapeur d'eau et de sel marin que l'air des salines renferme. Cet air frais et fortifiant des salines sera une ressource précieuse également pour tous les baigneurs, ainsi que pour les personnes qui font la cure d'eaux; il contribuera à revivifier leur sang et à tonifier leurs muscles. Beaucoup de malades, qui ne peuvent faire de grandes excursions, viendront passer quelques heures de la journée aux salines; elles leur en tiendront lieu.

D. Complément.

DE QUELQUES AUTRES MÉTHODES D'INHALATION DES VAPEURS SALINES.

De tout ce qui précède il ressort clairement que, comme bien-être qu'il procure, comme exercice fortifiant et salutaire des muscles respiratoires, rien ne peut remplacer l'air qui se respire aux environs des machines à graduation. Autrefois les médecins envoyaient les malades dans les salles mêmes où l'on fait bouillir les eaux salines pour en cristalliser le sel. Ils respiraient la vapeur qui se dégage de ces vastes chaudières et que l'on croyait alors saturée de particules salines. L'opération complète pour obtenir le sel cristallisé dure huit jours, deux pendant lesquels l'eau est soumise à l'ébullition, et six pendant lesquels on la laisse s'évaporer dans de grandes bassines à une température réglée. Ce mode d'inhalation a été entièrement abandonné à la suite des expériences de M. Polstorf, pharmacien de la *Licorne* à Kreuznach. Il a prouvé, en effet, que le premier jour, à la distance d'un pied des chaudières à ébullition, il ne se dégage que 0,0072 grammes de sel par pied cube de vapeur d'eau à 52° R.; le second jour, 0,017, et que cette quantité est si minime que l'on en trouve à peine des traces les jours suivants.

	Jours de travail.	Température de la vapeur, degrés Réaumur.	Poids spécifique de la vapeur condensée.	Sels que la vapeur condensée renferme sur 100 parties.	Quantité d'eau qu'un pied cube de vapeurs d'eau bouillie renferme en grammes.	Quantité de sels qu'un pied cube de vapeurs d'eau bouillie renferme en grammes.
Pendant l'ébullition.	1	52°	1,0021	0,253	2,856	0,0072
	2	54°	1,0045	0,566	3,005	0,0170
Pendant l'évaporation.	3	32°	1,0005	0,078	0,895	0,0007
	5	29°	1,0002	0,035	0,832	0,0003
	7	28°	1,0000	0,026	0,761	0,0002
	9	26°	1,0000	0,027	0,740	0,0002

En plus, et pour montrer combien l'ancienne méthode d'inhalation était irrationnelle et combien on a eu raison de l'abandonner, nous ferons remarquer que les deux seuls jours où les malades avaient chance d'inspirer des matières salines étaient ceux où la température des chambres était la plus insupportable (52° et 54° R.); les malades prenaient un véritable bain de vapeur, nullement indiqué, qui les exposait à leur sortie à de trop faciles refroidissements. Cette analyse fait aussi tomber à néant cette opinion hasardée qui voulait que les vapeurs d'eau qui s'échappent du bain soient assez puissantes (0,0002 grammes de sel sur un pied cube de vapeur d'eau à

28° R.) pour que, respirées, elles puissent agir sur l'ensemble de l'économie. Elle montre également combien on s'était fait illusion quand on prétendait faire absorber les éléments minéralisateurs de l'eau en chauffant sur une lampe à alcool les eaux salines ou les eaux-mères, et en en faisant respirer les vapeurs aux malades. On aurait dû s'en remettre purement et simplement à l'expérience, qui de puis longtemps avait prononcé la condamnation d'une méthode d'inhalation aussi défectueuse. Dans le cabinet de pulvérisation de la Trinkhalle à Münster a. St. on trouve un air qui se rapproche beaucoup plus de celui des salines par sa nature et sa composition. Il renferme de l'eau salée réduite en vapeurs et en poussière. Mais son action est bien loin d'être aussi puissante, comme les faits le prouvent, que celle de l'atmosphère des salines (voy. p. 125 et suiv.); la différence en est comme du jour à la nuit. On pourra, du reste, toujours se rendre à la Trinkhalle et y faire des inhalations les jours où la pluie et le mauvais temps ne permettront pas de pousser jusqu'aux salines.

www.ingramcontent.com/pod-product-compliance
Ingram Content Group UK Ltd.
Pitfield, Milton Keynes, MK11 3LW, UK
UKHW031912260826
14628UKWH00003B/1138

9 782019 646615